PCEM
La Chimie en poche

PCEM 1 / DEUG A et B
Faculté de pharmacie 1re année

CHIMIE GÉNÉRALE

Équilibres acido-basiques

Rappels de cours • Exercices corrigés

Marie GRUIA
Michèle POLISSET
Maîtres de conférences
à l'Université P. et M. Curie (Paris VI)

ellipses

dans la même collection

CHIMIE GÉNÉRALE

- *Atomistique et liaisons chimiques*
- *Thermodynamique chimique*
- *Équilibres chimiques*
- *Cinétique chimique*
- *Oxydo-réduction*

CHIMIE ORGANIQUE

- *Structure et réactivité / Spectroscopie*
- *Stéréochimie*
- *Dérivés insaturés / Dérivés halogénés / Synthèses magnésiennes*
- *Alcools et dérivés / Amines*
- *Dérivés carbonylés / Acides carboxyliques et dérivés*

ISBN 2-7298-6978-6

Avant-propos

Les étudiants ont parfois des difficultés à comprendre ou à résoudre des questions liées à un certain domaine de la Chimie.

Pour les aider, nous leur proposons une série d'ouvrages de proportions réduites qui traitent séparément différents chapitres de la **Chimie Générale** et de la **Chimie Organique**, enseignés en PCEM, en première année de Pharmacie ou en DEUG.

Chaque volume présente un rappel de cours succinct, suivi d'exercices résolus, concernant le même domaine.

Selon notre méthode, tous les exercices correspondent à des extraits de sujets donnés aux différents concours de Médecine ou de Pharmacie de la Région Parisienne.

Nous espérons que ces livres pourront leur être utiles et les guideront dans leur travail individuel.

Nous remercions nos collègues enseignants, qui nous ont fourni le matériel nécessaire à l'élaboration de ces ouvrages et nous sommes toujours prêtes à accepter des avis, des remarques, des critiques, des suggestions, tant de la part de nos collègues, que de celles des étudiants.

C'est aux responsables des Éditions Ellipses, qui ont acquis une grande expérience dans la réalisation d'ouvrages pédagogiques, que revient l'initiative de publier nos livres de Chimie. Nous leur remercions pour la confiance qu'ils nous ont accordée.

M.G. et M.P.

Sommaire

Rappel de cours 7

Exercices 20

Bibliographie 93

Index 95

Équilibres acido-basiques

Rappel des notions utilisées

• **Solvant** = liquide qui dissout

• **Soluté** = substance dissoute

• Par **dissolution** du soluté (gaz, liquide ou solide) dans le solvant on obtient une **solution**, qui constitue une seule phase.

Le solvant peut être l'eau, l'alcool, l'acétone, l'éther, le benzène ou autre solvant organique. Nous discuterons seulement des solutions aqueuses.

• Chaque solution est caractérisée par une **concentration,** qui la définit du point de vue quantitatif.

Il y a plusieurs possibilités d'exprimer la concentration.

$$c = \frac{\text{nombre de moles de soluté}}{\text{volume de solution (litres)}} = \frac{n}{V(L)} = \text{conc. en molarité (mol.L}^{-1}\text{).}$$

$$c = \frac{\text{nombre de moles d'équivalent du soluté}}{\text{volume de solution (litres)}} = \frac{n_{Eq.}}{V(l)} \text{ ou N (conc. en normalité)}$$

$$c = \frac{\text{masse de soluté}}{\text{volume de solution (l)}} = \frac{m(g)}{V(L)} = \text{conc. massique (g.L}^{-1}\text{).}$$

$$c = \frac{\text{masse de soluté (g)}}{\text{100 g de solution}} = \frac{m(g)}{100\text{ g}} = \%\text{ (g) (conc. en pourcentage de masse)}$$

Acide, base, ions

En solution aqueuse (solvant polaire), les solutés sont dissociés en ions, en donnant des solutions électrolytiques, qui conduisent le courant. L'eau, elle-même peut être faiblement dissociée.

On distingue des électrolytes forts, totalement dissociés, et des électrolytes faibles partiellement dissociés.

Principaux électrolytes : les acides, les bases et les sels. Il y a plusieurs définitions des acides et des bases.

- Selon Arrhénius

  Un acide est une molécule ou un ion qui libère des ions H^+.

  Une base est une molécule ou un ion qui libère des ions OH^-.

- Selon Brönsted

  Un acide est une molécule ou un ion qui libère des ions H^+.

  Une base est une molécule ou un ion qui capte des ions H^+.

- Selon Lewis

  Un acide est une molécule ou un ion porteur d'une lacune électronique.

  Une base est une molécule ou un ion porteur d'un doublet électronique.

Il s'ensuit que l'association d'un acide et de sa base conjuguée donne un couple **acide-base.**

On a : $AH \longrightarrow A^- + H^+$ (acide fort)

$A^- + H^+ \longrightarrow AH$ (base forte)

et

$AH \rightleftarrows A^- + H^+$ (couple acide faible-base faible)

Les protons mis en liberté par l'acide doivent être captés par la base d'un autre couple :

$$\text{Acide}_1 \rightleftarrows \text{Base}_1 + H^+$$

$$\text{Base}_2 + H^+ \rightleftarrows \text{Acide}_2$$

$$\text{Acide}_1 + \text{Base}_2 \rightleftarrows \text{Acide}_2 + \text{Base}_1$$

En solution aqueuse, l'eau constitue l'un des couples acide-base : ce qui revient à écrire l'équilibre acido-basique global :

$$\underset{Ac_1}{AH} + \underset{B_2}{H_2O} \rightleftarrows \underset{B_1}{A^-} + \underset{Ac_2}{H_3O^+}$$

Les ions, en solution aqueuse, peuvent présenter différents caractères :

- ions à caractère acide (H_3O^+, NH_4^+)
- ions à caractère basique (OH^-, CH_3COO^-)
- ions aprotiques (indifférents) qui ne réagissent pas sur l'eau (Na^+,Cl^-) (acides ou bases conjugués d'électrolytes forts)
- ions à caractère amphotère qui réagissent soit comme acides, soit comme bases (HS^-, HCO_3^-)

Produit ionique de l'eau

Les solutions aqueuses étudiées sont diluées, il s'ensuit que le nombre de moles d'électrolyte dissous est toujours très inférieur au nombre de moles d'eau. L'eau (solvant) est dans son état standard, son activité est égale à 1.

La dissociation de l'eau est très faible :

$$2\,H_2O \rightleftharpoons H_3O^+ + OH^-$$

$$K = \frac{a(H_3^+O).a(OH^-)}{a^2(H_2O)}$$

$$\text{d'où } K = [H_3O^+].[OH^-]$$

puisque les espèces H_3^+O et OH- sont en faibles concentrations qu'on peut confondre avec leur activité $K = [H_3O^+].[OH^-] = 10^{-14} = K_e$.

Le produit ionique de l'eau est constant à température constante. A température ambiante (20 - 25 °C) $K_e = 10^{-14}$ et comme le milieu est neutre, il y a autant d'ions H_3O^+ que d'ions OH^-: $[H_3O^+] = [OH^-] = 10^{-7}$ mol.L^{-1}.

Echelle de pH - pK_a des couples acide-base

La relation ci-dessus nous permet d'affirmer qu'une solution est acide si $[H_3O^+] > 10^{-7}$ mol.L^{-1} et, à l'inverse, elle est basique si $[OH^-] > 10^{-7}$ mol.L^{-1}.

Pour éviter de travailler avec des exposants négatifs, Sörensen introduit la notion de pH qu'il définit comme étant :

$$\boxed{pH = -\log [H_3O^+]}$$

Il résulte une échelle de pH, qui s'étend de 0 à 14.

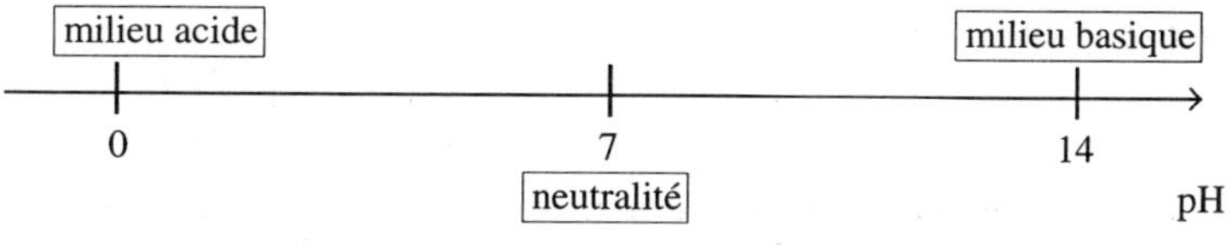

L'équilibre de dissociation d'un acide dans l'eau s'écrit :

$$Ac + H_2O \underset{2}{\overset{1}{\rightleftharpoons}} Base + H_3O^+$$

La constante de cet équilibre $K_a = \frac{[Base].[H_3O^+]}{[Ac]}$ $(a_{H_2O} = 1)$

K_a est la constante d'acidité permettant de caractériser la force d'un acide.

Pour un acide fort, l'équilibre est totalement déplacé dans le sens 1, donc K_a est très grand.

Par analogie avec le pH, on définit : $pK_a = -\log K_a$: à un acide fort correspond un pK_a faible.

De la même manière, pour les bases, nous pouvons écrire :

$$\text{Base} + H_2O \underset{2}{\overset{1}{\rightleftarrows}} \text{Ac} + OH^-$$

$$K_b = \frac{[\text{Ac}].[OH^-]}{[\text{Base}]} \quad \text{et} \quad pK_b = -\log K_b.$$

Plus K_b est grand et pK_b petit, plus la base est forte.

Mais du fait qu'à chaque acide correspond une base conjuguée, nous pouvons utiliser seulement la constante K_a (ou bien pK_a), pour caractériser le couple acide-base.

Prenons comme exemple le système du couple de l'ammoniac NH_4^+ / NH_3 pour lequel nous allons écrire les équilibres acido-basiques.

(1) $NH_4^+ + H_2O \rightleftarrows NH_3 + H_3O^+$

(2) $NH_3 + H_2O \rightleftarrows NH_4^+ + OH^-$

$$K_{a_1} = \frac{[NH_3].[H_3O^+]}{[NH_4^+]} \quad \text{et} \quad K_{b_2} = \frac{[NH_4^+].[OH^-]}{[NH_3]}$$

$$K_{a_1}.K_{b_2} = \frac{[NH_3].[H_3O^+]]}{[NH_4^+]} . \frac{[NH_4^+].[OH^-]}{[NH_3]}$$

$$\text{d'où} \quad K_{a_1}.K_{b_2} = [H_3O^+].[OH^-] = K_e = 10^{-14}.$$

Le produit $K_a.K_b$ est une constante, donc pour caractériser les propriétés basiques de NH_3 on peut se servir de la valeur du pK_a de son acide conjugué NH_4^+.

On utilisera une seule constante K_a, ou bien sous sa forme logarithmique, pK_a, pour le couple acide/base conjuguée. Le couple de référence en solution aqueuse est toujours l'eau :

(1) $H_3O^+ + H_2O \rightleftarrows H_2O + H_3O^+$

acide   base

Pour le couple H_3O^+ / H_2O $pK_a = -1{,}7$ (ramené à 0 dans l'eau solvant)

(2) $H_2O + H_2O \rightleftarrows OH^- + H_3O^+$

acide   base

Pour le couple H_2O / OH^- $pK_a = 15{,}7$ (limité à 14 dans l'eau solvant)

Dans le tableau ci-dessous, les couples acide-base sont caractérisés par référence à l'eau.

Acides forts AH	$pK_a < -1,7$	Bases très faibles A^-
H_3O^+	$pK_a = -1,7$	H_2O
Acides faibles AH	$-1,7 < pKa < 15,7$	Bases faibles A^-
H_2O	$pK_a = 15,7$	OH^-
Acides très faibles AH	$pK_a > 15,7$	Bases fortes A^-

Les acides forts ont donc des valeurs de pK_a négatives, contrairement aux acides faibles, dont les pK_a sont positifs. En voici quelques exemples :

ACIDES		pK_a	BASES	
Acides forts	$HClO_4$ HCl HNO_3	–8 –7 –3	ClO_4^- Cl^- NO_3^-	Bases extrêmement faibles
Acides faibles	HCOOH CH_3COOH NH_4^+ C_6H_5OH	3,8 4,8 9,2 9,7	$HCOO^-$ CH_3COO^- NH_3 $C_6H_5O^-$	Bases faibles
Acides extrêmement faibles	CH_3OH NH_3	16 23	CH_3O^- NH_2^-	Bases fortes

Les électrolytes forts sont totalement ionisés en solution aqueuse; pour un acide :

$$AH + H_2O \longrightarrow A^- + H_3O^+$$

L'acide le plus fort qui puisse exister en solution aqueuse est H_3O^+. Tout acide, plus fort, dont le pK_a est inférieur à celui du couple H_3O^+/H_2O serait transformé en H_3O^+. C'est un effet de nivellement exercé par le solvant.

De même, la base la plus forte qui puisse exister en solution aqueuse est OH^-. De ce fait, pour comparer entre eux des électrolytes forts, il est nécessaire de travailler dans des solvants autres que l'eau ; pour les acides on choisit des solvants moins avides de protons que l'eau et pour les bases des solvants plus avides de protons que l'eau.

Calcul du pH d'une solution aqueuse

Par définition le pH = – log $[H_3O^+]$

Pour les espèces présentes dans la solution aqueuse, nous pouvons calculer le pH grâce à différentes formules :

Acide fort	$pH = -\log c$
Base forte	$pH = 14 + \log c$
Acide faible	$pH = 1/2\ pK_a - 1/2 \log c$
Base faible	$pH = 7 + 1/2\ pK_a + 1/2 \log c$
Ampholyte	$pH = 1/2\ pK_{a_1} + 1/2 pK_{a_2}$
Solution tampon	$pH = pK_a + \log \frac{[Base]}{[Acide]}$

Ces formules ont été établies, en faisant certaines approximations, dont la validité peut être vérifiée pour les solutions diluées.

Nous indiquerons quelques exemples de calcul : acide fort, base forte, acide faible.

Exemple

• **Acides forts.** Prenons comme exemple HCl. Les ions H_3O^+ proviennent de la dissociation de l'acide et de l'eau.

$$HCl + H_2O \longrightarrow H_3O^+ + Cl^-$$
$$2\ H_2O \longrightarrow H_3O^+ + OH^-$$

Il y a 3 espèces ioniques en présence : Cl^-, OH^-, H_3O^+, de concentrations inconnues, il faut donc établir 3 équations :

$K_e = [H_3O^+][OH^-]$ (1) produit ionique de l'eau

$[H_3O^+] = [Cl^-] + [OH^-]$ (2) principe d'électroneutralité

$[HCl]_o = [Cl^-]$ (3) principe de la conservation des masses.

Le chlore introduit sous forme d'HCl se trouve, en solution, entièrement sous forme d'ions Cl^-.

Si la solution HCl n'est pas trop diluée, la concentration en ions H_3O^+ provenant de l'acide est suffisamment importante pour que l'**on néglige**, devant elle, **la concentration en ions OH^-**. Négliger la concentration en ions OH^- revient à négliger la dissociation de l'eau.

On considère, dans ce cas, que la concentration en ions H_3O^+ de la solution est due uniquement à l'acide fort. En fait, la dissociation de l'eau, déjà faible dans l'eau pure, est encore moins importante en présence d'ions H_3O^+, qui proviennent de l'acide. L'équilibre : $H_3O^+ + OH^- \underset{2}{\overset{1}{\rightleftarrows}} 2\,H_2O$ est déplacé dans le sens (1).

De l'équation (2) et (3) il résulte que $[H_3O^+] = [Cl^-] = [HCl]_o$.

Comme $[HCl]_o = c$, concentration (en molarité) de l'acide, on déduit que

$$\boxed{pH = -\log c}$$

• **Bases fortes.** On prendra comme exemple de base forte la soude, NaOH qui est totalement dissociée dans l'eau.

Dans cette solution, les propriétés du système sont déterminées par les ions OH^- libérés. Il s'ensuit que l'équilibre de dissociation de l'eau est fortement déplacé vers la gauche : $2H_2O \underset{2}{\overset{1}{\rightleftarrows}} H_3O^+ + OH^-$

Les espèces ioniques en présence sont : Na^+, H_3O^+, OH^-. On utilise un raisonnement analogue à celui utilisé pour l'acide fort, en utilisant le même type d'équations, pour les concentrations des 3 espèces présentes.(On néglige H_3O^+ devant OH^- et Na^+).

$K_e = [H_3O^+][OH^-]$ (1) produit ionique de l'eau

$[H_3O^+] + [Na^+] = [OH^-]$ (2) principe d'électroneutralité

$[NaOH]_o = [Na^+]$ (3) principe de la conservation des masses.

Les ions Na^+ proviennent de la soude mise initialement en solution, ce sont des ions aprotiques qui ne réagissent pas sur l'eau.

Le milieu étant fortement alcalin, on peut négliger la concentration en ions H_3O^+ devant celle des ions OH^-. De cette façon, la relation (2) devient $[Na^+] = [OH^-]$ et $[OH^-] = C$, d'après la relation (3).

Du produit ionique de l'eau, on déduit $[H_3O^+] = \frac{K_e}{[OH^-]}$, donc $[H_3O^+] = \frac{K_e}{c}$

$$pH = -\log [H_3O^+] = -\log K_e + \log c \text{, d'où } \boxed{pH = 14 + \log c}$$

• **Acides faibles.** Les électrolytes faibles étant partiellement dissociés, nous avons en solution :

$$AH + H_2O \rightleftarrows A^- + H_3O^+$$

$$2H_2O \rightleftarrows H_3O^+ + OH^-$$

Les espèces présentes dans le milieu sont AH, A^-, H_3O^+ et OH^-. On écrit donc 4 équations, du même type que dans les calculs précédents.

$K_a = \frac{[A^-][H_3O^+]}{[AH]}$ (1) constante d'acidité

$K_e = [H_3O^+][OH^-]$ (2) produit ionique de l'eau

$[H_3O^+] = [A^-] + [OH^-]$ (3) principe d'électroneutralité

$[AH] + [A^-] = c$ (4) principe de conservation des masses

La concentration totale initiale de l'acide faible AH, notée c, correspond à la somme des concentrations des espèces AH et A^-.
De l'équation (3), on déduit la valeur de $[A^-]$, qu'on place dans l'équation (4):

$$(3) \qquad [A^-] = [H_3O^+] - [OH^-]$$

$$(4) \qquad [AH] = c - [A^-] = c - [H_3O^+] + [OH^-]$$

En reportant ces expressions dans celle de la constante d'acidité K_a, on obtient :

$$K_a = \frac{[H_3O^+]([H_3O^+]-[OH^-])}{c-[H_3O^+]-[OH^-]}$$

Le milieu étant acide, on néglige $[OH^-]$ devant $[H_3O^+]$. D'autre part, du fait de la faible dissociation de l'acide, on considère que la concentrations en $[H_3O^+]$ est faible et négligeable devant la concentration c de l'acide.

Il résulte que $K_a = \frac{[H_3O^+]^2}{c}$ soit $\boxed{pH = \frac{1}{2} pK_a - \frac{1}{2} \log c}$

Loi de dilution d'Ostwald

Nous avons vu que les électrolytes peuvent être totalement ou partiellement dissociés, étant "forts" ou "faibles".

$$AB \longrightarrow A^- + B^+ \qquad \text{(électrolyte fort)}$$

$$AB \rightleftarrows A^- + B^+ \qquad \text{(électrolyte faible)}$$

Dans le second cas, on peut utiliser le coefficient de dissociation α (voir Chapitre Equilibres), défini comme rapport du nombres de moles dissociées au nombre de moles initiales. Il varie de 0 à 1.Dans la réaction ci-dessous :

	AB $\rightleftarrows$	A^- +	B^+
nombre de moles initiales	1	0	0
à l'équilibre - pour 1 mole	$1-\alpha$	α	α
à l'équilibre - pour c_o moles	$c_o(1-\alpha)$	$c_o\alpha$	$c_o\alpha$

On écrit la constante de cet équilibre : $K = \frac{[A^-][B^+]}{[AB]} = \frac{c_o^2\alpha^2}{c_o(1-\alpha)} = \frac{c_o\alpha^2}{(1-\alpha)}$

Pour une dissociation très faible, $\alpha \ll 1$, donc $(1-\alpha) \approx 1$, l'équation ci-dessus devient :

$$K = c_o\alpha^2 \qquad \text{soit } \alpha = \sqrt{\frac{K_a}{c_o}}$$

C'est la loi d'Ostwald, qui indique que la dissociation augmente avec la dilution et un électrolyte faible, très dilué se comporte comme un électrolyte fort.

C'est la raison pour laquelle, les formules approchées de calcul du pH des acides et bases faibles sont applicables seulement quand les solutions ne sont pas trop diluées. Ceci se

produit pour un acide faible, si $\frac{K_a}{c} \leq 10^{-2}$ et pour une base faible si $K_a.c \geq 10^{-12}$, ce qui correspond à un degré de dissociation ≤ 10 %.

Solutions tampon

Les solutions tampon sont constituées du mélange d'un acide faible et de sa base conjuguée. Leur pH est calculé avec la relation d'Henderson :

$$pH = pK_a + \log\frac{[\text{Base}]}{[\text{Acide}]}$$

Ces solutions sont peu sensibles à la dilution, car leur pH dépend d'un rapport de concentrations, à condition que leur dilution ne soit pas trop grande.

Les solutions tampon présentent une très faible variation de pH, lorsque l'on ajoute une quantité modérée d'acide ou de base forte. Ce "pouvoir tampon" est d'autant plus grand, que la variation de pH est plus faible.

Le "pouvoir tampon maximal" est celui d'une solution contenant la même quantité d'acide et de base conjuguée, [acide] = [base]. Le pH est alors égal au pK_a.

Exemple :

On peut préparer une solution tampon en introduisant 1 mole d'acide acétique et 1 mole d'acétate de sodium dans un litre de solution.

$pK_{a\ CH_3COOH/CH_3COO^-} = 4{,}75$

$$pH = pK_a + \log\frac{[CH_3COO^-]}{[CH_3COOH]} = 4{,}75$$

car $[CH_3COOH] = [CH_3COO^-]$ et le terme logarithmique s'annule, donc il s'agit d'une solution tampon de pouvoir tampon maximal.

A la solution tampon ainsi constituée, ajoutons 0,1 mole d'HCl. Ce dernier va réagir avec les ions acétate :

	CH_3COO^- +	$H_3O^+ \rightleftarrows$	CH_3COOH +	H_2O
n_i	1	0,1	1	-
n_f	1 – 0,1	ε	1 + 0,1	-

$$pH = pK_a + \log\frac{1-0{,}1}{1+0{,}1} = 4{,}75 + \log\frac{0{,}9}{1{,}1} = 4{,}66$$

La même quantité d'acide HCl, par exemple 0,1 mole, ajoutée à 1 litre d'eau pure donne : $pH = -\log c = -\log 0{,}1 = 1$

Dans la solution tampon $\Delta pH = 0{,}09$ unité et dans l'eau pure $\Delta pH = 6{,}00$ unités.

Les solutions tampon jouent un rôle important dans le milieu biologique, dans lequel de brusques variations de pH peuvent entraîner la destruction de l'organisme vivant. Par exemple, le tampon de l'hémoglobine, le tampon de l'acide carbonique, etc.

Dosages acide - base. Indicateurs colorés

Les dosages acide-base correspondent aux réactions de neutralisation.

$$H_3O^+ + OH^- \longrightarrow H_2O$$

Ils peuvent être effectués :

• en présence d'indicateurs colorés (qui changent de couleurs autour du point d'équivalence)

• par pH métrie en suivant la variation du pH en fonction du volume de réactif antagoniste ajouté (on trace la courbe de dosage)

Les indicateurs colorés sont des couples constitués d'un acide organique faible et de sa base conjuguée, dont les colorations sont différentes. Le changement de couleur, lors du passage de la forme acide à la forme basique (ou inversement) doit être net et bien visible. Il se produit dans un domaine bien déterminé de pH, spécifique pour chaque couple, appelé domaine de virage. Pour faire le choix d'un indicateur approprié pour un dosage, il faut tenir compte de ce domaine.

3 exemples de dosage acide-base sont exposés ci-dessous et dans chaque cas sont indiqués le pH initial, le pH à la demi-neutralisation et à la neutralisation.

Exemple :

Acide fort - base forte. Dosage de 25 mL de potasse (KOH) 0,1 $mol.L^{-1}$ par une solution d'acide HCl 0,2 $mol.L^{-1}$

• *pH initial* : correspond au pH de la base forte, car $V_{HCl} = 0$ mL

$$pH = 14 + \log c = 14 + \log 0{,}1 = 13 \qquad \textbf{pH = 13}$$

• *pH au point de demi-neutralisation*

$$V_{HCl} = 6{,}25 \text{ mL HCl} \qquad \textbf{pH = 12,6}$$

Au point de demi-neutralisation le milieu contient la base forte KOH. Pour calculer le pH, nous devons connaître la concentration en OH^- restante, après l'introduction de 6,25 mL HCl.

$$n \text{ moles } OH^- = (25.10^{-3} \times 0{,}1) - (6{,}25.10^{-3} \times 0{,}2) = 1{,}25.10^{-3}$$

$$c = \frac{n}{V} = \frac{1{,}25.10^{-3}}{(25 + 6{,}25)10^{-3}} = 0{,}04 \text{ mol.L}^{-1} \qquad pH = 14 + \log 0{,}04 = 12{,}6$$

Le point de demi-neutralisation n'a pas de signification particulière dans le cas des dosages acide fort-base forte.

• *pH au point de neutralisation* : $n_{acide} = n_{base}$ donc, $c_{HCl}.V_{HCl} = c_{KOH}.V_{KOH}$

$$V_{HCl} = \frac{c_{KOH}.V_{KOH}}{c_{HCl}} = \frac{2,5.10^{-3}.0,1}{0,2} = 12,5 \text{ mL HCl} \quad \mathbf{pH = 7}$$

Acide faible - base forte. Dosage de 25 mL d'une solution de CH_3COOH de concentration 1 mol.L^{-1} par une solution de NaOH 1 mol.L^{-1}

• *pH initial* : correspond au pH de l'acide faible, $V_{NaOH} = 0$ mL

$$pH = \frac{1}{2}pK_a - \frac{1}{2}\log c = 2,37 \qquad \mathbf{pH = 2,37}$$

• *pH au point de demi-neutralisation* : $V_{base} = 12,5$ mL

$$\mathbf{pH = pK_a = 4,75}$$

Le point de demi-neutralisation, dans le cas du dosage acide faible - base forte correspond à une solution tampon de pouvoir tampon maximal, avec le $pH = pK_a$

	CH_3COOH	+ NaOH	⟶ $CH_3COO^- Na^+$	+ H_2O
n_i	$2,5.10^{-2}$	$1,25.10^{-2}$		
n_f	$1,25.10^{-2}$	0	$1,25.10^{-2}$	

$$[CH_3COOH] = [CH_3COO^-] = 1,25.10^{-2}$$

$$pH = pK_a + \log\frac{[CH_3COO^-]}{[CH_3COOH]} = pK_a \qquad \text{car } \log\frac{[CH_3COO^-]}{[CH_3COOH]} = 0$$

• *pH au point de neutralisation* : $n_{acide} = n_{base}$

$$V_{base} = \frac{c_{acide}.V_{acide}}{c_{base}} = \frac{25.10^{-3}x1}{1} = 25 \text{ mL} \qquad \mathbf{pH = 9,2}$$

Le pH du milieu au point de neutralisation est celui d'une base faible CH_3COO^-

$$pH = 7 + \frac{1}{2}pKa + \frac{1}{2}\log c = 9,2 \qquad c = \frac{n}{V} = \frac{25.10^{-3} \text{ x } 1}{50.10^{-3}} = 0,5 \text{ mol.L}^{-1}$$

Acide fort - base faible. Dosage de 10 mL de solution de NH_3 1 mol.L^{-1} par une solution d'acide HCl 0,25 mol.L^{-1}

• *pH initial* : correspond au pH de la base faible, $V_{HCl} = 0$ mL

$$\mathbf{pH} = 7 + \frac{1}{2}pK_a + \frac{1}{2}\log c = 7 + \frac{9,2}{2} + \frac{1}{2}\log 1 = \mathbf{11,6}$$

• *pH au point de demi-neutralisation :*

$$V_{acide} = 20 \text{ mL} \qquad \mathbf{pH = pK_a = 9,2}$$

Le point de demi-neutralisation, dans le cas du dosage acide fort - base faible, correspond à une solution tampon de pouvoir tampon maximal, avec le pH = pKa

	NH_3	+ HCl ⟶	NH_4^+, Cl^-
n_i	10^{-2}	5.10^{-3}	-
n_f	5.10^{-3}	ε	5.10^{-3}

$$[NH_3] = [NH_4^+] = 5.10^{-3}$$

$$pH = pK_a + \log \frac{[NH_3]}{[NH_4^+]} = pK_a \qquad \text{car } \log \frac{[NH_3]}{[NH_4^+]} = 0$$

• *pH au point de neutralisation* : $n_{acide} = n_{base}$

$$V_{acide} = \frac{c_{base} \cdot V_{base}}{c_{acide}} = \frac{10.10^{-3}.1}{0{,}25} = 40 \text{ mL} \qquad \mathbf{pH = 4{,}95}$$

Le pH du milieu au point de neutralisation est celui d'un acide faible NH_4^+

$$pH = \frac{1}{2} pK_a - \frac{1}{2} \log c = \frac{9{,}2}{2} - \frac{1}{2} \log 0{,}2 = 4{,}95$$

Acides aminés

Les acides aminés sont des composés de type $R - \underset{\underset{NH_2}{|}}{CH} - COOH$ qui possèdent dans la même molécule une ou plusieurs fonctions acide carboxylique (–COOH) et une ou plusieurs fonctions amine ($-NH_2$).

Le pK_1 d'un acide aminé correspond à l'ionisation de la fonction acide carboxylique :

$$RCOOH + H_2O \rightleftarrows RCOO^- + H_3O^+$$

Lors de cette ionisation, la fonction amine se trouve sous forme protonée $-NH_3^+$. L'acidité de la fonction acide carboxylique est renforcée par la présence, à proximité, du groupement NH_3^+, inductif attracteur.

Les équilibres de dissociation successifs sont :

$$R - \underset{\underset{NH_3^+}{|}}{CH} - COOH + H_2O \rightleftarrows R - \underset{\underset{NH_3^+}{|}}{CH} - COO^- + H_3O^+ \quad pK_1,$$

$$R - \underset{\underset{NH_3^+}{|}}{CH} - COO^- + H_2O \rightleftarrows R - \underset{\underset{NH_2}{|}}{CH} - COO^- + H_3O^+ \quad pK_2.$$

Un acide aminé introduit dans l'eau pure, se présente sous forme d'un ion dipolaire, portant le nom de ***zwitterion***, qui est un ampholyte.

$R - \underset{\underset{NH_3^+}{|}}{CH} - COO^-$ (base conjuguée de – COOH)
(acide conjugué de $- NH_2$)

Le pH de l'acide aminé dans l'eau, présent sous forme de zwitterion est calculé par la formule qui correspond aux ampholytes :

$$pH = \frac{1}{2}pK_1 + \frac{1}{2}pK_2$$

Les concentrations sont égales en cations et anions et le point porte le nom de ***point isoélectrique.*** (pH_i)

En présence d'une base forte, il y a neutralisation de la fonction acide du zwitterion :

$$R-CH(NH_3^+)-COO^- + OH^- \longrightarrow R-CH(NH_2)-COO^- + H_2O$$

En présence d'un acide fort, il y a neutralisation de la fonction basique du zwitterion :

$$R-CH(NH_3^+)-COO^- + H_3O^+ \longrightarrow R-CH(NH_3^+)-COOH + H_2O$$

Le diagramme des espèces prédominantes, en fonction du pH est :

$R-CH(NH_3^+)-COOH$		$R-CH(NH_3^+)-COO^-$		$R-CH(NH_2)-COO^-$	
CATION	pK_1	ZWITTERION	pK_2	ANION	pH

Quelques acides aminés :

$CH_3-CH(NH_2)-COOH$	α–Alanine	pK_1 2 , 34	pK_2 9 , 69	
$HOOC-CH_2-CH(NH_2)-COOH$	Acide Aspartique	pK_1 1 , 88	pK_2 3 , 65	pK_3 9 , 60
$H_2N-(CH_2)_4-CH(NH_2)-COOH$	Lysine	pK_1 2 , 18	pK_2 8 , 85	pK_3 10,53

Exercices

1

On considère une solution A de HCl 0,1 mol.L^{-1}.

Déterminer, à ± 0,001 près, les pH suivants :

A/ pH de la solution A.

B/ pH du mélange B : 0,5 L de A + 1,5 L d'une solution de HCl 0,2 mol.L^{-1}.

C/ pH du mélange C : 0,5 L de A + 0,5 L d'une solution de NaOH 0,1 mol.L^{-1}.

Extrait Concours Bichat 1988.

L'acide chlorhydrique est un acide fort, la concentration des ions H_3O^+ est donc la même, aux fortes et moyennes concentrations, que celle de l'acide dissous.

A/ Pour la solution A, $[H_3O^+] = 0{,}1$ mol.L^{-1} et $pH = -\log 0{,}1 = 1{,}000$

B/ Pour la solution B, $n\ (H_3O^+) = 0{,}5\ .\ 0{,}1 + 1{,}5\ .\ 0{,}2 = 0{,}35$ mole dans 2 litres de solution.

$$[H_3O^+] = 0{,}175 \text{ mol.L}^{-1} \quad \text{et} \quad pH = -\log 0{,}175 = 0{,}757$$

C/ Pour la solution C, il faut tenir compte de la neutralisation acide / base :

$$H^+,\ Cl^- \ +\ Na^+,\ OH^- \longrightarrow H_2O \ +\ Na^+,Cl^-$$

$n_1 = 0{,}05$ mole $\quad n_2 = 0{,}05$ mole

La neutralisation est totale et il n'y a en solution que des ions indifférents Na^+et Cl^-.

Le pH de la solution C est donc égal à 7

2

Déterminer le pH à 0,01 près, des solutions aqueuses suivantes :

A/ CH_3COOH ($pK_a = 4,7$) ; $c = 0,20$ mol.L^{-1}

B/ NH_4Cl (pK_a $NH_4^+/NH_3 = 9,2$) ; $c = 0,40$ mol.L^{-1}

C/ Solutions obtenues par l'addition à 105 mL d'eau de :

1. 10 mL de CH_3COOH 1 mol.L^{-1} et 10 mL de NaOH 1 mol.L^{-1}
2. 20 mL de CH_3COOH 1 mol.L^{-1} et 10 mL de NaOH 1 mol.L^{-1}

D/ Déterminer le coefficient de dissociation de CH_3COOH dans la solution 1.

Extrait Concours Bichat 1985.

A/ L'acide acétique est un acide faible, partiellement dissocié dans l'eau :

$$CH_3COOH + H_2O \rightleftarrows CH_3COO^- + H_3O^+$$

Le pH d'une solution d'acide faible peut être calculé par la formule :

$$pH = \frac{1}{2}pK_a - \frac{1}{2}\log c$$

$$pH = \frac{1}{2}.4,7 - \frac{1}{2}\log 0,20$$

$$\boxed{pH = 2,7}$$

B/ Le chlorure d'ammonium se dissocie en ions NH_4^+ et ions Cl^-. Les ions Cl^- sont des ions aprotiques, donc le pH sera déterminé par les ions ammonium, qui présentent un caractère d'acide faible ; c'est l'acide conjugué de la base NH_3.

$$pH = \frac{1}{2}pK_a - \frac{1}{2}\log c = \frac{1}{2}.9,2 - \frac{1}{2}\log 0,40$$

$$\boxed{pH = 4,8}$$

C/ 1. C'est une réaction de neutralisation entre un acide faible et une base forte.

	CH_3COOH	+ NaOH	$\longrightarrow$ CH_3COO^-, Na^+	+ H_2O
n_i	10^{-2}	10^{-2}	0	-
n_f	0	0	10^{-2}	-

Après la réaction, la solution contient uniquement de l'acétate de sodium, CH_3COO^-, Na^+.
L'ion Na^+ est aprotique et l'ion CH_3COO^- est basique (base faible conjuguée de l'acide acétique). On utilise la formule du pH des bases faibles :

$$pH = 7 + \frac{1}{2}pK_a + \frac{1}{2}\log c$$

Concentration de l'acétate : il y a 10^{-2} mole dans un volume de :

$$10 + 10 + 105 = 125 \text{ mL} \quad c = \frac{10^{-2}}{0{,}125} = 0{,}08 \text{ mol.L}^{-1}$$

$$pH = 7 + \frac{1}{2}.4{,}7 + \frac{1}{2}\log 0{,}08$$

$$\boxed{pH = 8{,}80}$$

2. C'est la même réaction, mais les proportions des réactifs sont différentes.

	CH_3COOH	+	$NaOH$	$\longrightarrow$	CH_3COO^-, Na^+	+	H_2O
n_i	2.10^{-2}		10^{-2}		0		-
n_f	10^{-2}		0		10^{-2}		-

La solution contient une quantité égale d'acide faible et de sa base conjuguée, donc il s'agit d'une solution tampon, de pouvoir tampon maximal, soit $pH = pK_a = 4{,}7$

D/

	$CH_3–COOH$	+	H_2O	$\rightleftarrows$	$CH_3–COO^-$	+	H_3O^+
c_i	c		-		0		0
c_f	$c(1-\alpha)$		-		$c\alpha$		$c\alpha$

$$\alpha = \frac{[H_3O^+]}{c} = \frac{10^{-3}}{2.10^{-1}}$$

$$\boxed{\alpha = 5.10^{-3}}$$

3

Avant d'atteindre sa limite de solubilité, un sel AB se décompose totalement en milieu aqueux selon : $(AB)_{solide} \xrightarrow{H_2O} A^+ + B^-$

On admettra que :

- A^+ est l'acide conjugué d'une base infiniment forte (c'est-à-dire d'une base qui est complètement dissociée en solution aqueuse) ;
- B^- est la base conjuguée d'un acide faible, dont la constante d'acidité est K_a ;
- K_e est la valeur du produit ionique de l'eau dans les conditions thermodynamiques de l'expérience ;
- c_o est la concentration du sel AB que l'on a dissous dans la solution.

A/ Quelles sont les différentes équations chimiques qui vont rendre compte de l'équilibre en solution ?

B/ Quel est le système d'équations qui va rendre compte des relations entre les différentes inconnues du système ?

C/ Etablir l'équation du 3ème degré qui, sans aucune approximation, permet de relier $[H_3O^+]$ à K_a, K_e et c_o.

Extrait Concours Bichat 1990.

A/

$$AB \longrightarrow A^+ + B^-$$

$$AOH \longrightarrow A^+ + OH^-$$

$$BH + H_2O \rightleftarrows B^- + H_3O^+$$

$$H_3O^+ + OH^- \rightleftarrows 2H_2O$$

B/

$$c_o = [A^+] \quad (1) \qquad c_o = [BH] + [B^-] \quad (2)$$

$$[H_3O^+] + [OH^-] = 10^{-14} \quad (3)$$

$$K_a = \frac{[B^-].[H_3O^+]}{[BH]} \quad (4)$$

$$[A^+] + [H_3O^+] = [OH^-] + [B^-] \quad (5)$$

Posons $x = [H_3O^+]$

$$K_a = \frac{[B^-].x}{[BH]} = \frac{[B^-].x}{c_o - [B^-]} \quad (4)$$

$$[B^-] = \frac{K_a.c_o}{K_a + x}$$

Reportons cette expression dans (5), avec $[A^-] = c_o$:

$$c_o + x = \frac{10^{-14}}{x} + \frac{K_a.c_o}{K_a + x} \quad \text{si } x(K_a + x) \neq 0$$

$$c_o(K_a + x)x + x^2(K_a + x) = 10^{-14}(K_a + x) + K_a c_o x$$

$$\boxed{x^3 + (K_a + c_o)x^2 - 10^{-14}x - 10^{-14}K_a = 0}$$

4

En solution aqueuse, à l'équilibre acido-basique (1) :

$$NH_3 \quad + \quad H_2O \quad \underset{2}{\overset{1}{\rightleftarrows}} \quad NH_4^+ \quad + \quad OH^-$$

est associée une constante d'acidité K_a

A/ Dans quel sens (1 ou 2) évolue cet équilibre ?

1. Si l'on ajoute du chlorure d'ammonium NH_4Cl ?
2. Si l'on ajoute de la soude ?

B/ Comment s'écrit la constante d'acidité K_a, qui caractérise l'équilibre acido-basique (1) ?

C/ Quelles sont, en dehors de toute approximation, les autres relations qui permettront de calculer, le pH de la solution (1) en fonction de c_o, concentration de NH_3 initialement mis en solution, et du produit ionique de l'eau K_e ?

D/ Sachant que la solution d'ammoniaque se comporte comme une base faible, quelles sont les approximations que l'on peut envisager ?

E/ Si ces approximations sont vérifiées, comment s'exprimera le pH de la solution, en fonction du pK_a, du pK_e et de c_o ?

Extrait Concours Bichat 1989.

$$NH_3 \quad + \quad H_2O \quad \underset{2}{\overset{1}{\rightleftarrows}} \quad NH_4^+ \quad + \quad OH^-$$

A/ 1. Le chlorure d'ammonium, en solution aqueuse, se dissocie en mettant en liberté des ions NH_4^+, ce qui augmente leur concentration. Il y a un déplacement de l'équilibre dans le sens 2, de façon à consommer l'excès d'ions ammonium.

2. La soude, en solution aqueuse, se dissocie en mettant en liberté des ions OH^-. Il y a également déplacement de l'équilibre, dans le sens 2, pour consommer l'excès d'ions OH^-.

B/ La constante d'acidité est :

$$K_a = \frac{[NH_3].[H^+]}{[NH_4^+]} \qquad \text{ou} \qquad K_a = \frac{[NH_3].[H_3O^+]}{[NH_4^+]}$$

C/ Dans l'équilibre acido-basique ci-dessus, les espèces présentes sont : NH_3, NH_4^+, OH^-, H_3O^+. Pour le calcul du pH, outre la constante d'acidité K_a et le produit ionique de l'eau, K_e, les relations utilisées sont :

- la conservation de la matière : $[NH_3] + [NH_4^+] = C_o$ (3)
- l'électroneutralité de la solution : $[H_3O^+] + [NH_4^+] = [OH^-]$ (4)

D/ L'ammoniaque est une base, donc le pH de la solution est supérieur à 7. Il s'ensuit que $[OH^-] >> [H_3O^+]$. La relation (4) devient : $[NH_4^+] = [OH^-]$

Mais, comme il s'agit d'une base faible, sa dissociation est faible, et la quantité d'ions ammonium est négligeable devant celle de l'ammoniac non dissocié, soit :

$$[NH_3] >> [NH_4^+] \text{ . Donc, } [NH_3] = c_o$$

E/ Ces approximations nous permettent ainsi d'aboutir à la relation (1) sous la forme :

$$K_a = \frac{c_o.[H^+]}{[OH^-]} = \frac{c_o.[H^+]^2}{10^{-14}}$$

On déduit que : $\boxed{pH = -\log [H_3O^+] = 7 + \frac{1}{2} pK_a + \frac{1}{2} \log C_o}$

5

L'adénine que l'on notera AH est un amphotère qui appartient aux deux couples acide/ base suivants : AH_2^+/AH $pK_{a_1} = 4$, AH/A^- $pK_{a_2} = 10$

A/ Soit une solution 10^{-2} mol.L^{-1} d'adénine (solution S).

1. Quel est le pH de la solution S ?
2. En déduire la concentration de AH_2^+ dans la solution S .

B/ A 100 mL de la solution S on ajoute un volume v de KOH 1 mol.L^{-1}.

1. Ecrire la réaction acide - base se produisant.
2. Montrer, en calculant sa constante d'équilibre que cette réaction est pratiquement totale.
3. Déterminer le pH de la solution obtenue.
   - pour v = 0,5 mL
   - pour v = 1,0 mL

Extrait Concours Créteil 1989.

Les deux dissociations successives de l'adénine sous forme di-acide AH_2^+ sont :

$$AH_2^+ + H_2O \rightleftarrows AH + H_3O^+ \qquad pK_{a_1} = 4$$

$$AH + H_2O \rightleftarrows A^- + H_3O^+ \qquad pK_{a_2} = 10$$

A/ L'espèce AH qu'on obtient en introduisant l'adénine dans l'eau est un ampholyte, donc le pH de la solution est indépendant de la concentration.

1. $pH = \frac{pK_{a_1} + pK_{a_2}}{2} = \frac{4 + 10}{2}$

$$\boxed{pH = 7}$$

2. AH_2^+ est la forme acide du premier couple, sa concentration dépend donc uniquement du premier pK.

Elle peut être calculée à partir de la formule du pH de la solution tampon AH_2^+ / AH :

$pH = pK_{a_1} + \log \frac{[AH]}{[AH_2^+]}$ soit $7 = 4 + \log \frac{[AH]}{[AH_2^+]}$ donc $\frac{[AH]}{[AH_2^+]} = 10^{-3}$.

La solution de départ a une concentration de 10^{-2} mol.L^{-1}; elle contient l'ampholyte AH, donc $[AH] = 10^{-2}$ mol.L^{-1}

Du rapport des concentrations des deux espèces, on déduit :

$$\boxed{[AH_2^+] = 10^{-5} \text{ mol.L}^{-1}}$$

B/ En ajoutant la base, nous observons une réaction de neutralisation :

1. $AH + OH^- \rightleftarrows A^- + H_2O$

$n_{i(AH)} = 10^{-2} . 0,1 = 10^{-3}$mole

2. La constante d'équilibre ci-dessus s'écrit : $K_{éq} = \frac{[A^-]}{[AH].[OH^-]}$

Du produit ionique de l'eau $K_e = [H^+].[OH^-] = 10^{-14}$, on déduit $[OH^-] = \frac{10^{-14}}{[H^+]}$ que l'on reporte dans la constante d'équilibre : $K_{éq} = \frac{[A^-].[H^+]}{[AH].10^{-14}}$.

La valeur de la constante $K_{a_2} = \frac{[A^-].[H^+]}{[AH]}$ peut être calculée à partir de pK_{a_2} :

$pK_{a_2} = 10^{-pKa2} = 10^{-10}$; en remplaçant cette valeur dans celle de $K_{éq}$, on obtient :

$K_{éq} = \frac{10^{-10}}{10^{-14}} = 10^4$ valeur élevée ce qui est l'indice d'une réaction pratiquement totale.

3.

		AH	+	OH^-	$\rightleftarrows$	A^-	+	H_2O
v = 0,5 mL	n_i	10^{-3}		5.10^{-4}		0		solvant
	n_f	5.10^{-4}		ε		5.10^{-4}		solvant

La solution contient des quantités égales de l'acide et de sa base conjuguée. Il s'agit donc d'une solution tampon de pouvoir tampon maximal, car les concentrations des deux espèces sont égales : $[AH] = [A^-] = 5.10^{-4}$ mol.L^{-1}

$$\boxed{pH = pK_{a_2} = 10}$$

		AH	+	OH^-	$\rightleftarrows$	A^-	+	H_2O
v = 1 mL	n_i	10^{-3}		10^{-3}		0		solvant
	n_f	ε		ε		10^{-3}		solvant

La solution ne contient plus en quantité notable que l'espèce A^- qui est une base faible, dont le pH peut être calculé avec la formule simplifiée :

$$pH = 7 + \frac{1}{2} pK_{a2} + \frac{1}{2} \log c \quad \text{avec la concentration} \quad c = \frac{10^{-3}}{101.10^{-3}} = 10^{-2}\ mol.L^{-1}.$$

$$pH = 7 + \frac{1}{2}.10 + \frac{1}{2} \log 10^{-2}$$

$$\boxed{pH = 11}$$

6

A/ On prépare une solution aqueuse d'hydrazine de concentration égale à 0,1 $mol.L^{-1}$.
Quel est le pH de cette solution ? Justifier votre calcul .
B/ On mélange cette solution à un volume égal d'une solution d'acide chlorhydrique de concentration égale à 4.10^{-2} $mol.L^{-1}$.
Quel est le pH du mélange obtenu ?
Donnée : $pK_a(N_2H_5^+/N_2H_4) = 8,23$

Extrait du Concours Broussais 1989.

A/ $$N_2H_4 + H_3O^+ \rightleftarrows N_2H_5^+ + H_2O$$

Le comportement de l'hydrazine est celui d'une base faible et on calcule le pH avec la formule simplifiée.

$$pH = 7 + \frac{1}{2} pK_a + \frac{1}{2} \log c = 7 + \frac{1}{2}.8,23 + \frac{1}{2} \log 0,1$$

$$\boxed{pH = 10,6}$$

Pour utiliser cette formule, on admettra que dans la solution basique :

$$[OH^-] >> [H_3O^+] \qquad\qquad [OH^-] << c$$

Ce qui peut être vérifié, car : $K_e = [H_3O^+][OH^-] = 10^{-14}$ et

$$pH = -\log [H_3O^+] \qquad \text{donc} \quad [H_3O^+] = 10^{-pH}$$

Il s'ensuit que $[H_3O^+] = 10^{-10,6}$ soit $\approx 2,5.10^{-11}\ mol.L^{-1}$,

et $[OH^-] = 10^{-3,4}$ soit $\approx 4,0.10^{-4}\ mol.L^{-1}$.

La première approximation est ainsi justifiée, car $4,0.10^{-4} >> 2,5.10^{-11}$

De même, pour la seconde approximation, car $4,0.10^{-4} << 10^{-1}$ (= c).

B/ L'addition d'acide chlorhydrique à la solution précédente provoque une réaction de neutralisation entre un acide fort et une base faible :

	N_2H_4	+	HCl	$\rightleftarrows$	$N_2H_5^+,Cl^-$
n_i	$n_B = 10^{-1}.v$		$n_A = 4.10^{-2}.v$		0
n_f	$n_B - n_A$		0		n_A

Après la réaction, dans le milieu, on retrouve l'acide faible $N_2H_5^+$ et sa base conjuguée N_2H_4, donc une solution tampon.

$$pH = pK_a + \log \frac{n_B - n_A}{n_A} = 8{,}23 + \log \frac{10^{-1} - 4.10^{-2}}{4.10^{-2}}$$

$$\boxed{pH = 8{,}40}$$

7

On considère le tris (hydroxyméthyl) aminométhane $(CH_2OH)_3C{-}NH_2$ que l'on notera $R{-}NH_2$ et son acide conjugué RNH_3^+. Le pK_a du couple RNH_3^+/RNH_2 est 8,1.

A/ Ecrire l'équilibre acido-basique de cette amine RNH_2 dans l'eau.

B/ Pour quelle valeur du rapport $\frac{[RNH_2]}{[RNH_3^+]}$ la solution aqueuse a le pouvoir tampon maximum ?

C/ La concentration du tampon, constitué par cette amine et son acide conjugué, est 0,35 $mol.L^{-1}$. Le pH de cette solution est 7,7. Calculer les concentrations de RNH_2 et RNH_3^+ dans ce tampon.

D/ Une réaction enzymatique a lieu dans la solution tampon du **C/** ; elle produit 0,03 $mol.L^{-1}$ d'ions H_3O^+ :

1. Quelle sera l'influence de cette production d'ions H_3O^+ sur l'équilibre acido-basique du **A/** ?
2. Calculer les nouvelles concentrations RNH_2 et RNH_3^+.
3. En déduire le pH final de la réaction.
4. Quel serait le pH final si la même réaction enzymatique avait lieu dans l'eau en l'absence de tampon ?

E/ Quelle concentration d'ions H_3O^+ la réaction enzymatique devrait-elle libérer pour obtenir, à partir de la solution tampon définie en **C/**), une solution de pH = 7 ?

Extrait Concours Paris-Ouest 1977.

A/ $RNH_2 + H_2O \rightleftarrows RNH_3^+ + OH^-$ $pK_a = 8,1$

B/ La solution qui contient l'acide RNH_3^+ et sa base conjuguée RNH_2, a le pouvoir tampon maximum, quand pH = pK_a, donc quand le rapport des deux espèces :

$$\boxed{\frac{[RNH_2]}{[RNH_3^+]} = 1}$$

C/ Le pH de la solution tampon = 7,7 et sa concentration 0,35 $mol.L^{-1}$.

$$pH = pK_a + \log \frac{[RNH_2]}{[RNH_3^+]} \quad \text{soit} \quad 7,7 = 8,1 + \log \frac{[RNH_2]}{[RNH_3^+]}$$

$$\frac{[RNH_2]}{[RNH_3^+]} = 10^{-0,4} = 0,4 \qquad \text{et} \qquad [RNH_2] + [RNH_3^+] = 0,35 \text{ mol.L}^{-1}$$

On en déduit les concentrations :

$$\boxed{[RNH_2] = 0,1\text{mol.L}^{-1} \quad \text{et} \quad [RNH_3^+] = 0,25 \text{ mol.L}^{-1}}$$

D/ $RNH_2 + H_2O \rightleftarrows RNH_3^+ + OH^-$

1. L'équilibre acido-basique est déplacé par l'apparition des ions H_3O^+ dans le milieu. Ces derniers vont réagir avec les ions OH^- pour donner de l'eau et avec RNH_2, selon la réaction :

$$RNH_2 + H_3O^+ \longrightarrow RNH_3^+ + H_2O$$

	RNH_2	H_3O^+	RNH_3^+
n_i	0,10	0,03	0,25
n_f	0,07	ε	0,28

Après réaction, la solution contient un mélange d'une base faible (RNH_2) et de son acide conjugué (RNH_3^+) : c'est toujours une solution tampon.

2. Les nouvelles concentrations sont : $[RNH_2]$ = 0,07 $mol.L^{-1}$ et $[RNH_3^+]$ = 0,28 $mol.L^{-1}$

3. $pH = pK_a + \log \frac{[RNH_2]}{[RNH_3^+]} = 8,1 + \log \frac{0,07}{0,28}$

$$\boxed{pH = 7,5} \qquad \Delta pH = 0,2$$

4. Réalisée dans l'eau pure, la même réaction enzymatique aurait apporté une concentration en ions $[H_3O^+]$ égale à 3.10^{-2} $mol.L^{-1}$. Le pH aurait alors pris la valeur :

$$pH = -\log [H_3O^+] = -\log 3.10^{-2}$$

$$\boxed{pH = 1,52} \qquad \Delta pH = 6,18$$

On remarque la forte variation du pH dans ce dernier cas, comparée à sa variation dans la solution tampon.

E/ Pour obtenir un pH égal à 7 dans la solution tampon ci-dessus il faudrait que la réaction enzymatique libère des ions H_3O^+ de telle façon que :

$$pH = pK_a + \log\frac{[RNH_2]}{[RNH_3^+]} \quad \text{soit} \quad 7 = 8{,}1 + \log\frac{[RNH_2]}{[RNH_3^+]} \quad \text{et} \quad \frac{[RNH_2]}{[RNH_3^+]} = 10^{1,1} = 12{,}6$$

	RNH_2	+	H_3O^+	$\longrightarrow$	RNH_3^+	+	H_2O
n_i	0,10		x		0,25		
n_f	0,10 – x		ε		0,25 + x		

Pour déterminer x, soit la concentration $[H_3O^+]$ libérée par la réaction enzymatique, utilisons le rapport des concentrations ci-dessus $\frac{[RNH_2]}{[RNH_3^+]} = \frac{0{,}25 + x}{0{,}1 - x} = 12{,}6$. Il en résulte que :

$$\boxed{x = 0{,}0742 \text{ mol.L}^{-1}}$$

Donc, la concentration en $[H_3O^+]$ libérée par la réaction enzymatique, doit être de $7{,}42.10^{-2}$ mol.L^{-1}, pour que le pH soit égal à 7.

8

Une solution d'acide oxalique $H_2C_2O_4$, de concentration 10^{-2} mol.L^{-1}, est titrée par la soude, NaOH. Les constantes d'acidité des deux couples acido-basiques sont :

$H_2C_2O_4 / HC_2O_4^-$ $\quad K_{a_1} = 5{,}62.10^{-2}$

$HC_2O_4^- / C_2O_4^{2-}$ $\quad K_{a_2} = 6{,}10.10^{-5}$

A/ Donner l'allure de la courbe de neutralisation, en précisant les espèces dominantes.
B/ Exprimer, en fonction des constantes d'acidité, K_{a_1}, K_{a_2} et de la concentration en H_3O^+, les rapports :

$$x = \frac{[HC_2O_4^-]}{[H_2C_2O_4]} \quad y = \frac{[C_2O_4^{2-}]}{[HC_2O_4^-]} \quad z = \frac{[C_2O_4^{2-}]}{[H_2C_2O_4]}$$

Calculer leurs valeurs numériques à pH = 8.

C/ On observe un point d'équivalence noté E au voisinage de pH = 8. A quoi correspond-il? Justifier.

D/ Quel volume de soude 10^{-2} mol.L^{-1} faut-il verser dans 10 mL de la solution d'acide oxalique, pour atteindre le point E?

E/ Calculer une valeur plus précise du pH au point E

(On utilisera la formule approchée, sans justification).

Extrait Concours Saint-Antoine 1986.

A/ Pour tracer la courbe de neutralisation, il faut donner quelques points remarquables :
La solution dosée par la soude est celle d'un diacide. Il y a donc deux points d'équivalence correspondant aux volume V_E et $V_{E'}$ de solution de soude ajoutée. Il y a également deux points de demi-équivalence correspondant aux deux pK_a.

• pour V = 0 mL, le pH est celui d'un diacide faible équivalent au pH d'un acide faible ayant le pK_a de l'acidité la plus forte (pK_{a_1}),

• pour $V = \frac{V_E}{2}$ $\quad$ $pH = pK_{a_1}$,

• pour $V = V_E$, à la première équivalence, la solution contient l'espèce amphotère $HC_2O_4^-$

$$pH = \frac{pK_{a_1}+pK_{a_2}}{2}, = \frac{1,25 + 4,21}{2} = \frac{5,46}{2} = 2,73$$

• pour $V = \frac{3V_E}{2}$ $\quad$ $pH = pK_{a_2}$,

• pour $V = V_{E'} = 2\ V_E$ la solution contient une dibase faible, le pH est celui d'une base dont pK_a est celui de la forme la plus basique pK_{a_2}.

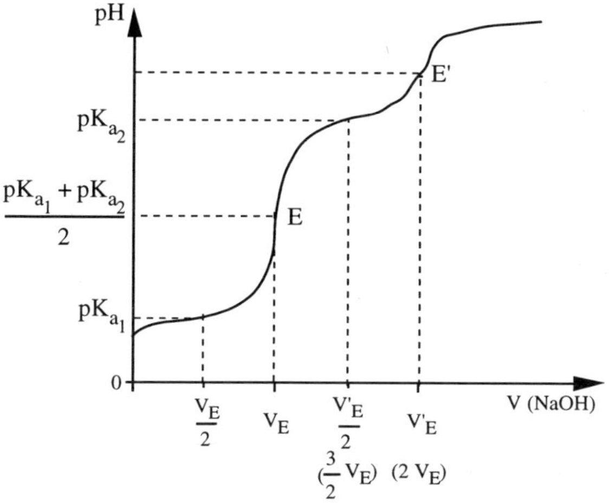

Les espèces prédominantes sont réparties en fonction du pH de la façon suivante :

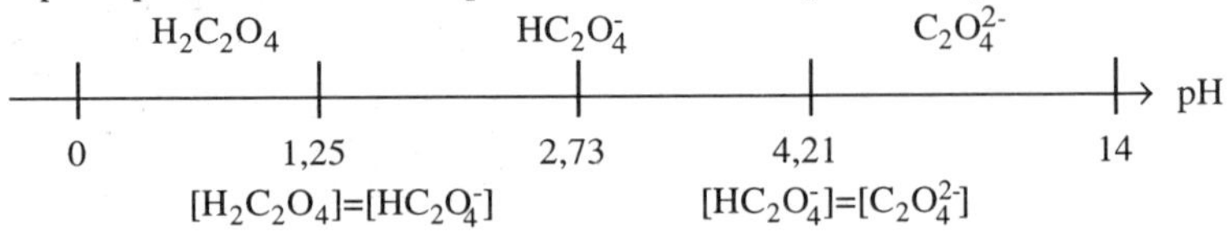

B/ Les équilibres de dissociation de l'acide oxalique successifs sont :

• $H_2C_2O_4 + H_2O \rightleftarrows HC_2O_4^- + H_3O^+$ (1)

$$K_{a_1} = \frac{[HC_2O_4^-].[H_3O^+]}{[H_2C_2O_4]} \qquad x = \frac{[HC_2O_4^-]}{[H_2C_2O_4]} = \frac{K_{a_1}}{[H_3O^+]}$$

$$\text{à pH} = 8 \qquad x = \frac{5{,}62.10^{-2}}{10^{-8}}$$

$$\boxed{x = 5{,}62.10^6}$$

• $HC_2O_4^- + H_2O \rightleftarrows C_2O_4^{2-} + H_3O^+$ (2)

$$K_{a_1} = \frac{[C_2O_4^{2-}].[H_3O^+]}{[HC_2O_4^-]} \qquad y = \frac{[C_2O_4^{2-}]}{[HC_2O_4^-]} = \frac{K_{a_2}}{[H_3O^+]}$$

$$\text{à pH} = 8 \qquad y = \frac{6{,}10.10^{-5}}{10^{-8}}$$

$$\boxed{y = 6{,}10.10^3}$$

$$z = \frac{[C_2O_4^{2-}]}{[H_2C_2O_4]} = x.y = \frac{K_{a_1}.K_{a_2}}{[H_3O^+]^2}$$

$$\text{à pH} = 8 \qquad z = 5{,}62 . 10^6 . 6{,}10.10^3$$

$$\boxed{z = 3{,}43.10^{10}}$$

C/ D'après le diagramme de la question **A/**, le point d'équivalence au voisinage du pH = 8 correspond à la neutralisation de la deuxième acidité de l'acide oxalique. L'espèce présente, de façon majoritaire, dans le milieu réactionnel est la base $C_2O_4^{2-}$, dibase qui se comporte comme une monobase faible. Le pH de sa solution est donnée par l'expression simplifiée :

$$\boxed{pH = 7 + \frac{1}{2}\,pK_{a2} + \frac{1}{2}\log c}$$

D/ La réaction de neutralisation de l'acide oxalique, jusqu'à l'obtention de l'espèce $C_2O_4^{2-}$ est :

$$H_2C_2O_4 \quad + \quad 2\,NaOH \quad \longrightarrow \quad 2\,Na^+,C_2O_4^{2-} \quad + \quad 2\,H_2O$$

La concentration de l'acide oxalique est $c_{\text{acide oxalique}} = 10^{-2}$ mol.L^{-1}
Le nombre de moles d'acide oxalique, dans les 10 mL de solution est :

$$n_{\text{acide oxalique}} = c.v(L) = 10^{-2}\,.\,10.10^{-3} = 10^{-4} \text{ mole}$$

Le nombre de moles de soude utilisée est double, conformément à la stoechiométrie de la réaction ci-dessus, soit : $n_{NaOH} = 2.10^{-4}$ mole. Il en résulte que :

$$v_{NaOH} = \frac{n_{NaOH}}{c_{NaoH}} = \frac{2.10^{-4}}{10^{-2}} = 2.10^{-2}\text{ L}$$

$$\boxed{v_{NaOH} = 20 \text{ mL}}$$

E/ Au point E', l'espèce majoritaire est la base faible $C_2O_4^{2-}$ qui donne son pH à la solution. Sa concentration au point d'équivalence, où le volume total de la solution est 30 mL :

$$c = \frac{n_{NaOH}}{v_{NaOH}} = \frac{10^{-4}}{30.10^{-3}} = 3{,}33.10^{-3} \text{ mol.L}^{-1}$$

Le pH est donné par la formule simplifiée : $pH = 7 + \frac{1}{2}pK_{a_2} + \frac{1}{2}\log c$

$$pH = 7 + \frac{4{,}21}{2} + \frac{1}{2}\log 3{,}33.10^{-3}$$

$$\boxed{pH = 7{,}87}$$

9

A/ On prépare 100 mL d'une solution aqueuse A, contenant 0,224 g de lactate de sodium, (masse moléculaire = 112 g.mol^{-1}). Quel est le pH de la solution A ? (pK_a de l'acide lactique = 3,8)

B/ Calculer le pH d'une solution B, obtenue par mélange de 50 mL de la solution A et de 200 mL d'une solution 5.10^{-3} mol.L^{-1}, en acide lactique.

C/ Quel volume d'acide chlorhydrique 2 mol.L^{-1} faut-il ajouter à 100 mL de la solution A pour neutraliser le lactate en acide lactique ? Quel est alors le pH ?

E/ Dans une solution aqueuse maintenue à un pH constant égal à 7, quel est dans chaque cas le rapport des concentrations des espèces acido-basiques des composés suivants :

1. Acide lactique $CH_3–CHOH–COOH$ $pK_a = 3{,}8$
2. Acide pyruvique $CH_3–CO–COOH$ $pK_a = 2{,}5$
3. Valine $(CH_3)_2CH–CH(NH_2)–COOH$ $pK_{a_1} = 2{,}32$ $pK_{a_2} = 9{,}62$

Ecrire dans chaque cas les équilibres acido-basiques.

Extrait Concours Paris-Ouest 1978.

A/ Le lactate de sodium est une base faible ; l'ion $CH_3–CHOH–COO^-$ est la base conjuguée de l'acide lactique. Le pH de la solution est donc donné par la formule simplifiée :

$$pH = 7 + \frac{1}{2}\,pK_a + \frac{1}{2}\log c$$

Le nombre de moles de lactate de sodium contenu dans 100 mL de cette solution est :

$$n = \frac{m}{M} = \frac{0{,}224}{112} = 2.10^{-3}\text{ mole}$$

Sa concentration est $c = \dfrac{n}{V} = \dfrac{2.10^{-3}}{0{,}1} = 2.10^{-2}\text{ mol.L}^{-1}$.

$$pH = 7 + \frac{3{,}8}{2} + \frac{1}{2}\log 2.10^{-2}$$

$$\boxed{pH = 8{,}05}$$

B/ La solution B contient :

- des ions lactate $CH_3–CHOH–COO^-$ dont le nombre de moles est :

$$n_{base} = c.v\,(L) = 2.10^{-2} \times 50.10^{-3} = 10^{-3}\text{ mole}$$

et de l'acide lactique $CH_3–CHOH–COOH$ dont le nombre de moles est

$$n_{acide} = c.v(L) = 5.10^{-3} \times 200.10^{-3} = 10^{-3}\text{ mole}$$

C'est une solution tampon, formée d'un acide faible et de sa base conjuguée, en concentrations égales, ce qui correspond à la demi-neutralisation de l'acide par une base forte (NaOH). La solution a un pouvoir tampon maximal.

$$pH = pK_a + \log\frac{[CH_3–CHOH–COO^-]}{[CH_3–CHOH–COOH]} = pK_a$$

$$\boxed{pH = 3{,}8}$$

C/ L'action de l'acide chlorhydrique sur les ions lactate est une réaction entre un acide fort et une base faible :

	$CH_3–CHOH–COO^-Na^+$	+	HCl	$\longrightarrow$	$CH_3–CHOH–COOH$	+	NaCl
n_i	2.10^{-3}		2.10^{-3}		0		0
n_f	0		0		2.10^{-3}		2.10^{-3}

La solution d'HCl étant de concentration 2 mol.L^{-1}, pour obtenir 2.10^{-3} mole, nous devons ajouter un volume : $V_{(l)} = \frac{n}{c} = \frac{2.10^{-3}}{2} = 10^{-3}\ L = 1\ mL$

Après la réaction, dans le milieu il y a de l'acide lactique et des ions aprotiques, Na^+ et Cl^-. Ces derniers n'influent pas sur le pH, qui est déterminé par l'acide lactique, acide faible. Sa concentration est :

$$c_{\text{acide lactique}} = \frac{n}{V} = \frac{2.10^{-3}}{101.10^{-3}} = 1{,}98.10^{-2}\ mol.L^{-1}$$

$$pH = \frac{1}{2}pK_a - \frac{1}{2}\log c = \frac{1}{2}.3{,}8 - \frac{1}{2}\log 1{,}98.10^{-2}$$

$$\boxed{pH = 2{,}75}$$

D/ 1. **Pour l'acide lactique** :

$$CH_3–CHOH–COOH + H_2O \rightleftarrows CH_3–CHOH–COO^- + H_3O^+$$

La constante s'écrit $K_a = \frac{[CH_3–CHOH–COO^-].[H_3O^+]}{[CH_3–CHOH–COOH]}$ ce qui entraîne que, à pH = 7 :

$$\frac{[CH_3–CHOH–COO^-]}{[CH_3–CHOH–COOH]} = \frac{K_a}{[H_3O^+]} = \frac{10^{-3,8}}{10^{-7}} = 10^{-3,2}$$

$$\boxed{\frac{[CH_3–CHOH–COO^-]}{[CH_3–CHOH–COOH]} = 6{,}3.10^{-4}}$$

2. **Pour l'acide pyruvique** :

$$CH_3–CO–COOH + H_2O \rightleftarrows CH_3–CO–COO^- + H_3O^+$$

La constante s'écrit $K_a = \frac{[CH_3–CO–COO^-].[H_3O^+]}{[CH_3–CO–COOH]}$ donc, à pH = 7 :

$$\frac{[CH_3–CO–COO^-]}{[CH_3–CO–COOH]} = \frac{K_a}{[H_3O^+]} = \frac{10^{-2,5}}{10^{-7}} = 10^{-4,5}$$

$$\boxed{\frac{[CH_3–CO–COO^-]}{[CH_3–CO–COOH]} = 3{,}16.10^{-5}}$$

3. **Pour la valine,** il existe deux équilibres acido-basiques :

$$(CH_3)_2CH\text{-}CH\begin{matrix}COOH\\ NH_3^+\end{matrix} + H_2O \rightleftharpoons (CH_3)_2CH\text{-}CH\begin{matrix}COO^-\\ NH_3^+\end{matrix} + H_3O^+ \qquad pK_{a_1} = 2.32$$

$\boxed{AH_2^+}$ $\qquad\qquad$ $\boxed{AH^{+}_{-}}$

la première constante de dissociation est fonction des espèces AH_2^+ et AH^{+}_{-} :

$$K_{a_1} = \frac{[AH^{+}_{-}].[H_3O^+]}{[AH_2^+]} = 4{,}786.10^{-3}$$

$$\frac{[AH^{+}_{-}]}{[AH_2^+]} = \frac{K_{a_1}}{[H_3O^+]} = \frac{4{,}786.10^{-3}}{10^{-7}}$$

$$\boxed{\frac{[AH^{+}_{-}]}{[AH_2^+]} = 4{,}786.10^{4}}$$

$$(CH_3)_2CH\text{-}CH\begin{matrix}COO^-\\ NH_3^+\end{matrix} + H_2O \rightleftharpoons (CH_3)_2CH\text{-}CH\begin{matrix}COO^-\\ NH_2\end{matrix} + H_3O^+ \qquad pK_{a_2} = 9{,}62$$

$\boxed{AH^{+}_{-}}$ $\qquad\qquad$ $\boxed{A^-}$

la deuxième constante de dissociation est fonction des espèces AH^{+}_{-} et A^- :

$$K_{a_2} = \frac{[A^-].[H_3O^+]}{[AH^{+}_{-}]} = 2{,}399.10^{-10}$$

$$\text{à pH} = 7,\ \frac{[A^-]}{[AH^{+}_{-}]} = \frac{K_{a_2}}{[H_3O^+]} = \frac{2{,}399.10^{-10}}{10^{-7}}$$

$$\boxed{\frac{[A^-]}{[AH^{+}_{-}]} = 2{,}40.10^{-3}}$$

A pH = 7, l'espèce prédominante est le zwitterion AH^{+}_{-} : $(CH_3)_2CH\text{–}\underset{\displaystyle NH_3^+}{\underset{|}{CH}}\text{–}COO^-$

10

A/ On considère une solution de tampon phosphate à pH 7,2. Quelle est la concentration totale, en ions phosphate nécessaire pour que la variation de pH observée lors d'une réaction consommant 10^{-2} mol.L^{-1} d'ions H_3O^+, s'effectuant dans ce tampon, soit inférieure à 1 ?
Même question si la réaction effectuée dans le tampon phosphate de pH 7,2 fournit 10^{-2} mol.L^{-1} d'ions H_3O^+.

B/ En admettant qu'une solution tampon garde un pouvoir tampon tant que :

$$0{,}1 \leq \frac{[\text{base}]}{[\text{acide}]} \leq 10$$

dans quelle zone de pH peut-on utiliser le couple $H_2PO_4^-$ / HPO_4^{2-} pour tamponner une solution ?
On rappelle que l'acide phosphorique H_3PO_4 est un triacide, dont les trois pK_a valent respectivement 2,1 ; 7,2 ; 12,3. Les formules de pH seront admises sans démonstration, ni justification.

Extrait Concours Cochin 1984.

A/ Les équilibres acido-basiques de l'acide phosphorique sont :

$$H_3PO_4 + H_2O \rightleftarrows H_2PO_4^- + H_3O^+ \qquad pK_{a_1} = 2{,}1$$

$$H_2PO_4^- + H_2O \rightleftarrows HPO_4^{2-} + H_3O^+ \qquad pK_{a_2} = 7{,}2$$

$$HPO_4^{2-} + H_2O \rightleftarrows PO_4^{3-} + H_3O^+ \qquad pK_{a_3} = 12{,}3$$

La solution tampon de pH = 7,2 correspond au deuxième équilibre, au point de demi-neutralisation de la seconde acidité, où pH = pK_{a_2} donc : $[H_2PO_4^-] = [HPO_4^{2-}] = x$

La concentration totale en ions phosphate : $[H_2PO_4^-] + [HPO_4^{2-}] = 2x$

• Une réaction qui **consomme** des ions H_3O^+ va déplacer l'équilibre vers la droite, selon la réaction qui libère des ions H_3O^+, suivant la loi de déplacement des équilibres :

	$H_2PO_4^-$	+ H_2O	$\rightleftarrows$	HPO_4^{2-}	+ H_3O^+
$c_{i.}$	x			x	$10^{-7,2}$
$c_{f.}$	$(x - 10^{-2})$			$(x + 10^{-2})$	$10^{-8,2}$

La consommation des ions H_3O^+ signifie que l'acidité diminue, le pH va donc augmenter. Si la variation de pH est égale à 1, on a pH – pK_{a_2} = 1.

Dans une solution tampon, le pH est calculé avec la relation d'Henderson, soit :

$$pH = pK_a + \log \frac{[base]}{[acide]} \quad \text{soit dans ce cas} \quad pK_{a_2} + \log \frac{[HPO_4^{2-}]}{[H_2PO_4^-]}$$

$$pH - pK_a = 1 = \log \frac{[HPO_4^{2-}]}{[H_2PO_4^-]} = \log \frac{(x+10^{-2})}{(x-10^{-2})} \quad \text{d'où } x = 1{,}22.10^{-2}\ mol.L^{-1}.$$

La concentration totale en ions phosphate est :

$$[H_2PO_4^-] + [HPO_4^{2-}] = 2x : \boxed{c = 2{,}44.10^{-2}\ mol.L^{-1}}$$

• Une réaction qui **fournit** des ions H_3O^+ déplace l'équilibre en sens inverse, donc selon :

	HPO_4^{2-}	+	H_3O^+	$\rightleftarrows$	$H_2PO_4^-$	+	H_2O
$c_{i.}$	x		$10^{-7,2}$		x		–
$c_{f.}$	$(x - 10^{-2})$		$10^{-6,2}$		$(x + 10^{-2})$		–

L'acidité va donc augmenter et le pH diminuer ; on a alors : $pH - pK_{a_2} = -1$

$$pH - pK_{a_2} = -1 = \log \frac{[HPO_4^{2-}]}{[H_2PO_4^-]} = \log \frac{(x-10^{-2})}{(x+10^{-2})} \quad \text{d'où } x = 1{,}22.10^{-2}\ mol.L^{-1}.$$

La concentration totale en ions phosphate sera la même, soit $\boxed{c = 2{,}44.10^{-2}\ mol.L^{-1}}$

B/ Le couple $H_2PO_4^-$ / HPO_4^{2-}, dont le $pK_{a_2} = 7{,}2$, garde son pouvoir tampon tant que les inégalités ci-dessous sont respectées :

$$\frac{[HPO_4^{2-}]}{[H_2PO_4^-]} \leq 10 \quad \text{soit } pH \leq 7{,}2 + \log 10 \quad \text{donc } pH \leq 8{,}2$$

$$\frac{[HPO_4^{2-}]}{[H_2PO_4^-]} \geq 10 \quad \text{soit } pH \geq 7{,}2 + \log 10^{-1} \quad \text{donc } pH \geq 6{,}2$$

En conséquence, le couple $H_2PO_4^-$ / HPO_4^{2-} possède un pouvoir tampon dans le domaine de :

$$\boxed{6{,}2 \leq pH \leq 8{,}2}$$

11

L'acide tripolyphosphorique, $H_5P_3O_{10}$, a pour pK successifs, à 25°C :

$pK_1 = 0{,}5$; $pK_2 = 1{,}2$; $pK_3 = 2{,}3$; $pK_4 = 6{,}6$; $pK_5 = 9{,}3$

A/ Donner, sans calcul, les espèces majoritaires, en fonction du pH, pour $6 < pH < 14$.

B/ On dissout 5.10^{-3} mole de $Na_5P_3O_{10}$ dans 500 cm^3 d'eau. Quel est le pH de la solution obtenue ? Justifier les approximations faites.

C/ On mélange dans 500 cm^3 d'eau 5.10^{-3} mole de $Na_5P_3O_{10}$ et $2{,}5.10^{-3}$ mole d'acide chlorhydrique. Quel est le pH de la solution ? Que devient le pH si l'on ajoute 500 cm^3 d'eau ?

D/ Quel est le pH de la solution si l'on mélange, toujours dans 500 cm^3 d'eau, 5.10^{-3} mole de $Na_5P_3O_{10}$ et 5.10^{-3} mole d'acide chlorhydrique ?

Extrait Concours Broussais 1991.

A/ L'acide tripolyphosphorique donne les équilibres suivants :

$H_5P_3O_{10} + H_2O \rightleftarrows H_4P_3O_{10}^- + H_3O^+$ $\quad pK_{a_1} = 0{,}5$

$H_4P_3O_{10}^- + H_2O \rightleftarrows H_3P_3O_{10}^{2-} + H_3O^+$ $\quad pK_{a_2} = 1{,}2$

$H_3P_3O_{10}^{2-} + H_2O \rightleftarrows H_2P_3O_{10}^{3-} + H_3O^+$ $\quad pK_{a_3} = 2{,}3$

$H_2P_3O_{10}^{3-} + H_2O \rightleftarrows HP_3O_{10}^{4-} + H_3O^+$ $\quad pK_{a_4} = 6{,}6$

$HP_3O_{10}^{4-} + H_2O \rightleftarrows P_3O_{10}^{5-} + H_3O^+$ $\quad pK_{a_5} = 9{,}3$

Entre pH = 6 et pH = 14, les espèces majoritaires seront :

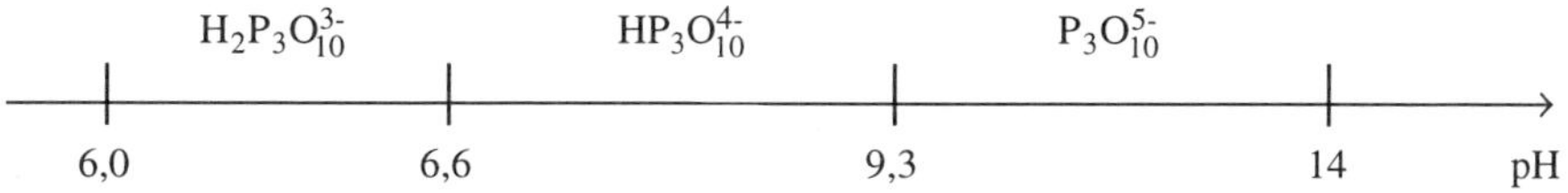

B/ $Na_5P_3O_{10}$ en solution dans l'eau se dissocie en ions Na^+ et ions $P_3O_{10}^{5-}$, qui se comportent comme une base faible, dont le pK_a est $pK_{a_5} = 9{,}3$. La concentration de la solution est : $c = \frac{n}{V} = \frac{5.10^{-3}}{500.10^{-3}} = 10^{-2}$ mol.L^{-1}.

Pour le calcul du pH, on utilise la formule simplifiée pour les bases faibles, soit :

$$pH = 7 + \frac{1}{2}\, pK_a + \frac{1}{2} \log c = 7 + \frac{1}{2}\, 9{,}3 + \frac{1}{2} \log 10^{-2} = 10{,}65$$

Cette formule est utilisable en admettant comme approximations que le milieu est basique $[H_3O^+] \ll [OH^-]$ et que la concentration de l'électrolyte (faible, peu dissocié) est beaucoup plus élevée que celle en ions OH^-, soit $c \gg [OH^-]$.

$[H_3O^+] = 10^{-pH} = 10^{-10,65}$ $\qquad [OH^-] = \frac{K_e}{H_3O^+} = \frac{10^{-14}}{10^{-10,65}} = 10^{-3,35} = 4,47.10^{-4}$

Il résulte que les approximations sont vérifiées, car $10^{-10,65} << 10^{-3,35}$ et $4,47.10^{-4} << 10^{-2}$.

C/ On aura neutralisation de l'ion $P_3O_{10}^{5-}$, base faible, par HCl, acide fort, selon la réaction :

	$P_3O_{10}^{5-}$	+	HCl	$\longrightarrow$	$HP_3O_{10}^{4-}$	+	Cl^-
n_i	5.10^{-3}		$2,5.10^{-3}$		-		-
n_f	$2,5.10^{-3}$		ε		$2,5.10^{-3}$		$2,5.10^{-3}$

La quantité d'acide HCl étant égale à la moitié de la quantité de base initialement présente en solution, il n'y a que demi-neutralisation et après réaction, on obtient une solution tampon, dans laquelle l'acide et sa base conjuguée se trouvent en quantité égale.

$[P_3O_{10}^{5-}] = [HP_3O_{10}^{4-}] = 5.10^{-3}$ mol.L^{-1} (soit $2,5.10^{-3}$ mole dans les 500 mL de la solution). C'est donc une solution tampon de pouvoir tampon maximal et $\boxed{pH = pK_{a_5} = 9,3}$. Lors de la dilution de la solution, il n'y a pas de modification du pH.

D/ Si la quantité de solution acide d'HCl ajoutée est double, la même réaction se produit, mais il y a neutralisation totale de l'espèce basique :

	$P_3O_{10}^{5-}$	+	HCl	$\longrightarrow$	$HP_3O_{10}^{4-}$	+	Cl^-
n_i	5.10^{-3}		5.10^{-3}		-		-
n_f	ε		ε		5.10^{-3}		5.10^{-3}

L'espèce obtenue $HP_3O_{10}^{4-}$ se comporte comme un ampholyte, appartenant comme base au couple 4 et comme acide au couple 5. On utilise donc la formule qui tient compte des deux pK_a.

$$pH = \frac{1}{2}\,pK_{a_4} + \frac{1}{2}\,pK_{a_5} = \frac{1}{2}\,6,6 + \frac{1}{2}\,9,3$$

$$\boxed{pH = 7,95}$$

12

L'acide L-ascorbique (vitamine C) est un diacide que l'on symbolisera par AH_2.

pK_{a_1} $\qquad AH_2 / AH^- = 4,2$

pK_{a_2} $\qquad AH^- / A^{2-} = 11,6$

A/ Calculer le pH d'une solution aqueuse d'acide ascorbique de concentration 10^{-2} mol.L^{-1} (solution A).

B/ On ajoute, dans 100 cm^3 de la solution A, un volume V de soude 1 mol.L^{-1}, de façon à ce que le pH final soit égal à 4,2 (solution B).

Quelles sont les espèces acido-basiques présentes majoritairement en solution ? Calculer leur concentration. Calculer le volume V de soude (on négligera la variation de volume due à l'addition de soude).

C/ Dans la solution B précédemment obtenue, on ajoute 100 cm^3 d'eau (solution C). Calculer les concentrations des espèces acido-basiques présentes majoritairement en solution et donner le pH de la solution C.

D/ Dans 100 cm^3 de solution B, on ajoute, successivement et sans variation de volume :

a) 2,5.10^{-4} mole de soude ;

b) de nouveau 2,5.10^{-4} mole de soude ;

c) 10^{-1} mole de soude.

Calculer, dans chacun des cas a,b et c, le pH final obtenu.

Calculer les variations de pH qui résulteraient d'une dilution d'un facteur 10 dans les cas a, b et c.

E/ On prépare une solution de tampon phosphate de pH égal à 7,2 à partir de KH_2PO_4 (masse molaire, M = 136 g.mol.L^{-1}) et de $K_2HPO_4,3H_2O$ (masse molaire, M' = 228 g.mol.L^{-1}). Quelles masses de ces deux sels doit-on dissoudre dans 100 cm^3 d'eau, (sans variation de volume) pour que la concentration totale en phosphate soit égale à 10^{-1} mol.L^{-1}, à pH 7,2 (solution D)? Dans cette solution D, on ajoute 10^{4} mole d'acide ascorbique (sans variation de volume). Quel est le pH final de la solution ainsi obtenue ? Sous quelle forme acido-basique majoritaire se trouve alors l'acide ascorbique ?

Données : $pK_{a_1(H_3PO_4/H_2PO_4^-)} = 2,1$; $pK_{a_2(H_2PO_4^-/HPO_4^{2-})} = 7,2$;
$pK_{a_3\,(HPO_4^{2-}/PO_4^{3-})} = 12,3$.

Les formules de pH seront admises sans démonstration ni justification.

Extrait Concours Cochin 1990.

A/ L'acide ascorbique est un diacide faible. L'écart entre des deux pK_a est très grand, nous pouvons donc négliger la seconde acidité et calculer le pH, avec la formule des monoacides faibles, soit :

$$pH = \frac{1}{2}pK_{a_1} - \frac{1}{2}\log c = \frac{1}{2}.4,2 - \frac{1}{2}\log 10^{-2}$$

$$\boxed{pH = 3,1}$$

B/ En ajoutant de la soude, il y a une réaction de neutralisation :

	AH_2	+	OH^-	$\rightleftarrows$	AH^-	+	H_2O
n_i	10^{-3}		x		ε		–
n_f	$10^{-3} - x$		ε		x		(solution B)

Le pH final = 4,2 = pK_{a_1}, donc c'est le point de demi-neutralisation de la première acidité. En ce point, $[AH_2] = [AH^-]$ soit $10^{-3} - x = x$. Il s'ensuit que $x = 5.10^{-4}$ mole

$$n = c.V_{(L)} = 1 \times V_{(L)} = 5.10^{-4} \text{ mole} \qquad V = 5.10^{-4}\,L,$$

$$\boxed{V = 0{,}5 \text{ mL de NaOH}}$$

La solution B est une solution tampon de pouvoir tampon maximal où l'acide faible et sa base conjuguée sont en quantités égales, de concentrations : $[AH_2] = [AH^-] = 5.10^{-3} mol.L^{-1}$.

C/ La solution C, obtenue par addition de 100 mL d'eau à la solution B, dont le volume est aussi de 100 mL, a un volume double, il s'ensuit que $v_{\text{solution C}} = 2\, v_{\text{solution B}}$. La solution B a donc subi une dilution (de facteur 2). La concentration de la nouvelle solution (C) est donc divisée par 2 : $c_{\text{(solution C)}} = \frac{c_{\text{(solution B)}}}{2} = 2{,}5.10^{-3}$ mol.L^{-1}.

La dilution n'a aucun effet sur l'équilibre entre AH_2 et AH^-; la solution C présente un pouvoir tampon maximal, l'acide et la base conjuguée étant toujours en quantités égales. Leurs concentrations sont divisées par deux :

$$\boxed{[AH_2] = [AH^-] = 2{,}5.10^{-3} mol.L^{-1}}$$

D/ En ajoutant différentes quantités de soude, il se produit une réaction de neutralisation du diacide AH_2, puis de l'ampholyte AH^- :

a)

	AH_2	+	OH^-	$\rightleftarrows$	AH^-	+	H_2O
n_i	5.10^{-4}		$2{,}5.10^{-4}$		5.10^{-4}		–
n_f	$2{,}5.10^{-4}$		ε		$7{,}5.10^{-4}$		–

C'est une solution tampon, mais l'acide et la base conjuguée ne sont plus en quantités égales, donc le pouvoir tampon n'est plus maximum. Son pH est donné par la relation :

$$pH = pK_a + \log\frac{[AH^-]}{[AH_2]} = 4{,}2 + \log\frac{7{,}5.10^{-4}}{2{,}5.10^{-4}}$$

$$\boxed{pH_a = 4{,}68} \quad \text{solution } B_a$$

b) Dans la solution tampon précédemment obtenue (solution B_a) on ajoute de nouveau $2{,}5.10^{-4}$ mole de soude :

	AH_2	+	OH^-	$\rightleftarrows$	AH^-	+	H_2O
n_i	$2{,}5.10^{-4}$		$2{,}5.10^{-4}$		$7{,}5.10^{-4}$		–
n_f	ε		ε		10^{-3}		–

Après la réaction, l'espèce majoritaire présente est AH^-, qui est un ampholyte.

$$pH = \frac{1}{2}pK_{a_1} + \frac{1}{2}pK_{a_2} = \frac{1}{2}.4,2 + \frac{1}{2}.11,6 = 7,9$$

$$\boxed{pH_b = 7,9} \quad \text{solution } B_b$$

c) Dans la solution B_b, on introduit encore 10^{-1} mole de soude.

	AH_2	+	OH^-	$\rightleftarrows$	AH^-	+	H_2O
n_i	10^{-3}		10^{-1}		ε		–
n_f	ε		$(10^{-1} - 10^{-3})$		10^{-3}		–

La solution contient A^{2-} base faible, en présence de 10^{-1} mole de OH^-, base forte qui impose le pH. La concentration en ions OH^- sera : $C_{OH^-} = \frac{10^{-1}}{0,1} = 1 \text{ mol.L}^{-1}$.

On calcule le pH avec la formule des bases fortes : pH = 14 + log c = 14 + log 1

$$\boxed{pH_c = 14} \quad \text{solution } B_c$$

• par dilution de la solution B_a, il n'y a pas de changement du pH, car c'est une solution tampon, dont le pH dépend d'un rapport de concentrations et non de leurs valeurs absolues.

$$pH = 4,2 + \log\frac{7,5.10^{-5}}{2,5.10^{-5}}$$

$$\boxed{pH_{a'} = 4,68}$$

• par dilution de la solution B_b, il n'y a pas de changement du pH, car l'espèce majoritaire est l'ampholyte AH^-, dont le pH est indépendant de la concentration, donc :

$$\boxed{pH_{b'} = 7,9}$$

• par dilution de la solution B_c, le pH varie, la concentration des ions OH^- est divisée par 10 ($C_{c'(OH^-)}$= 0,1. Le pH diminue donc d'une unité :

$$\boxed{pH = 14 + \log 0,1 = 13}$$

E/ Les équilibres acido-basiques de l'acide phosphorique sont :

$$H_3PO_4 + H_2O \rightleftarrows H_2PO_4^- + H_3O^+ \qquad pK_{a_1} = 2,1$$

$$H_2PO_4^- + H_2O \rightleftarrows HPO_4^{2-} + H_3O^+ \qquad pK_{a_2} = 7,2$$

$$HPO_4^{2-} + H_2O \rightleftarrows PO_4^{3-} + H_3O^+ \qquad pK_{a_3} = 12,3$$

La solution tampon phosphate préparée a un pH = 7,2 donc il s'agit d'une solution de pouvoir tampon maximal, qui contient les deux formes acide ($H_2PO_4^-$) et base (HPO_4^{2-}) conjugués du deuxième couple acido-basique de l'acide phosphorique, en quantités égales.

$$pH = pK_{a_2} + \log\frac{[HPO_4^{2-}]}{[H_2PO_4^-]} = pK_{a_2} \text{ car } [H_2PO_4^-] = [HPO_4^{2-}]$$

La concentration totale en phosphate de la solution tampon = 10^{-1} mol.L^{-1} (solution D). Il s'ensuit que $[H_2PO_4^-] + [HPO_4^{2-}] = 10^{-1}$ mol.L^{-1}, donc $[H_2PO_4^-] = [HPO_4^{2-}] = 5.10^{-2}$ mol.L^{-1}.

Dans 100 mL, $n_{H_2PO_4^-} = n_{HPO_4^{2-}} = 0{,}005$ mole.

Pour préparer la solution tampon (solution D) on devra donc utiliser des masses de :

$$136 \;.\; 0{,}005 = 0{,}68 \text{ g de } KH_2PO_4 \quad \text{et}$$

$$228 \;.\; 0{,}005 = 1{,}14 \text{ g de } K_2HPO_4,\ 3H_2O.$$

Dans cette solution tampon, l'introduction de 10^{-4} mole d'acide ascorbique entraîne le déplacement du second équilibre de l'acide phosphorique, par action sur la forme basique, selon la réaction :

	HPO_4^{2-}	+	AH_2	$\rightleftarrows$	$H_2PO_4^-$	+	AH^-
n_i	5.10^{-3}		10^{-4}		5.10^{-3}		ε
n_f	$4{,}9.10^{-3}$		ε		$5{,}1.10^{-3}$		10^{-4}

L'acide ascorbique se trouvera majoritairement sous forme AH^-.

Il y aura une très faible variation du pH de la solution tampon :

$$pH = pK_{a2} + \log\frac{[HPO_4^{2-}]}{[H_2PO_4^-]} = 7{,}2 + \log\frac{4{,}9.10^{-3}}{5{,}1.10^{-3}}$$

$$\boxed{pH = 7{,}18}$$

13

L'alanine est un acide aminé naturel de formule : $CH_3-CH(NH_2)-COOH$

A/ Sachant qu'en solution aqueuse, l'alanine donne lieu aux équilibres acido-basiques suivants :

$$CH_3-CH(NH_3^+)-COOH + H_2O \underset{}{\overset{K_{a1}}{\rightleftarrows}} CH_3-CH(NH_3^+)-COO^- + H_3O^+$$

$$CH_3-CH(NH_3^+)-COO^- + H_2O \underset{}{\overset{K_{a2}}{\rightleftarrows}} CH_3-CH(NH_2)-COO^- + H_3O^+$$

en connaissant les valeurs suivantes pour l'ionisation de la fonction acide carboxylique :

$$-COOH \rightleftarrows -COO^- + H_3O^+(\text{aqueux})$$

$$\Delta H° = 3{,}13 \text{ kJ.mol.}^{-1} \text{ et } \Delta S° = -34{,}3 \text{ J.K}^{-1}\text{.mol.}^{-1}\ .$$

Pour l'ionisation de la fonction amine :

$$-NH_3^+ \rightleftarrows -NH_2 + H_3O^+_{(aqueux)}$$

$$\Delta H° = 45{,}3 \text{ kJ.mol.}^{-1} \text{ et } \Delta S° = -33{,}4 \text{ J.K}^{-1}\text{.mol.}^{-1} .$$

Calculer à 298 K les deux pK_a de cet acide aminé. En déduire la forme majoritaire sous laquelle se présente l'alanine en milieu aqueux neutre.

B/ En utilisant les valeurs des pK_a déterminés ci-dessus indiquer sur un diagramme les espèces prédominantes en fonction du pH à 298K.

C/ Quel serait le pK_a de la fonction acide carboxylique si celui-ci était mesuré, non à 298 K, mais dans l'eau bouillante ? On ne demande pas la démonstration des formules utilisées.

D/ Par ailleurs, on veut préparer une solution tampon acide acétique-acétate de sodium de pH=4,60. On dispose pour ce faire d'acide acétique (Masse molaire 60 $g.mol^{-1}$) et d'acétate de sodium (Masse molaire 82 $g.mol^{-1}$).

Ecrire sans la démontrer la formule donnant le pH dans la zone tampon (équation d'Henderson).

Combien doit-on peser d'acide acétique et d'acétate de sodium pour obtenir 1 litre de solution de pH = 4,60 à la concentration totale 0,1 $mol.L^{-1}$. On donne le pK_a de l'acide acétique : 4,80.

E/ Dans un litre de solution tampon de pH = 4,60 préparé comme ci-dessus, on dissout 0,01 mole d'alanine. Quelles seront les concentrations de ces différentes espèces acido-basiques présentes dans le milieu ?

Extrait Concours Lariboisière 1985.

A/ Pour l'ionisation de la fonction acide carboxylique :

$$-COOH + H_2O \rightleftarrows -COO^- + H_3O^+ \qquad \Delta G_1^\circ = -RT \ln K_{a_1}$$

• Pour l'ionisation de la fonction amine

$$-NH_3^+ + H_2O \rightleftarrows -NH_2 + H_3O^+ \qquad \Delta G_2^\circ = -RT \ln K_{a_2}$$

$$K_a = e^{-\frac{\Delta G°}{RT}} \quad ; \quad \Delta G° = \Delta H° + T\Delta S°$$

$$\Delta G_1^\circ = 3{,}13 - 298(-34{,}3.10^{-3}) = +\ 13{,}35 \text{ kJ.mol}^{-1}$$

$$\Delta G_2^\circ = 45{,}3 - 298(-33{,}4.10^{-3}) = +\ 55{,}25 \text{ kJ.mol}^{-1}$$

$$K_{a_1} = 4{,}58.10^{-3} \qquad pK_{a_1} = 2{,}34$$

$$K_{a_2} = 2{,}1.10^{-10} \qquad pK_{a_2} = 9{,}68$$

En milieu aqueux neutre, soit pH ≈ 7, la forme majoritaire sera le zwitterion ($A\overset{+}{H}^{-}$)

- la fonction acide, sous sa forme base conjuguée : $-COO^-$, car pH =7, donc > 2,34
- la fonction amine, sous sa forme acide : NH_3^+, car pH = 7, donc < 9,68

B/ AH_2^+ — $A\overset{+}{H}^{-}$ — A^-

0 ——— 2,34 ——— 9,68 ——— 14 → pH

2,34 : $[AH_2^+] = [A\overset{+}{H}^{-}]$

9,68 : $[A\overset{+}{H}^{-}] = [A^-]$

C/ Au premier paragraphe, nous avons vu que le pK_a est relié à $\Delta G°$. L'équilibre d'ionisation de la fonction acide carboxylique, correspond toujours à $\Delta G = 0$, dans l'eau bouillante, soit à 373 K.

En considérant que $\Delta H°$ n'a pas changé, on peut appliquer la loi de Van't Hoff :

$$\frac{d}{dt}\ln K = \frac{\Delta H°}{RT_2} \quad \text{soit : } \ln\frac{K_{a(T_1)}}{K_{a(T_2)}} = \frac{\Delta H°}{R}\left[\frac{1}{T_2} - \frac{1}{T_1}\right] = \frac{3{,}13.10^3}{8{,}32}\left[\frac{1}{373} - \frac{1}{298}\right] = -0{,}254$$

$$\frac{K_{a(T_1)}}{K_{a(T_2)}} = 0{,}776 \quad \text{d'où } K_{a(T_2)} = \frac{K_{a(T_1)}}{0{,}776} = \frac{4{,}58.10^{-3}}{0{,}776} = 5{,}90.10^{-3}$$

$$\text{A } 100°C \quad \boxed{pK_{a_1} = 2{,}23}$$

D/ L'équation d'Henderson, pour le calcul du pH d'une solution tampon est :

$$pH = pK_a + \log\frac{[\text{base conjuguée}]}{[\text{acide}]} = pK_a + \log\frac{[CH_3COO^-]}{[CH_3COOH]}$$

$$4{,}6 = 4{,}8 + \log\frac{[CH_3COO^-]}{[CH_3COOH]} \quad \text{d'où} \quad \frac{[CH_3COO^-]}{[CH_3COOH]} = 10^{4{,}6-4{,}8} = 0{,}63$$

La concentration totale de la solution tampon doit être 0,1 $mol.L^{-1}$, donc :

$[CH_3COOH] + [CH_3COO^-] = 0{,}1\ mol.L^{-1}$

$[CH_3COOH] + 0{,}63[CH_3COOH] = 0{,}1\ mol.L^{-1}$ donc $[CH_3COOH] = 0{,}061\ mol.L^{-1}$

$[CH_3COO^-] = 0{,}63 \times 0{,}061 = 0{,}039\ mol.L^{-1}$.

Les masses molaires de l'acide acétique et de l'acétate de sodium étant respectivement 60 et 82 $g.mol^{-1}$, les masses des deux espèces à peser sont donc :

$$m_{CH_3COOH} = 0{,}061 \times 60 = \boxed{3{,}68\ g}$$

$$m_{CH_3COONa} = 0{,}039 \times 82 = \boxed{3{,}17\ g}$$

E/ L'introduction de 0,01 mole d'alanine, acide faible/base faible en concentration 10 fois plus faible que celle de la solution tampon, ne produit pas de modification du pH de cette solution.

Par contre, la solution ayant un pH = 4,6, les espèces acido-basiques de l'acide aminé présentes dans le milieu seront déterminées par cette valeur. On peut calculer la concentration de ces espèces, en utilisant la formule de Henderson, appliquée aux deux équilibres acido-basiques de l'acide aminé.

Pour le premier couple :

$$4{,}6 = 2{,}34 + \log \frac{[AH^{\pm}]}{[AH_2^+]} \quad \text{donc} \quad \frac{[AH^{\pm}]}{[AH_2^+]} = 10^{4,6-2,34} = 1{,}82$$

$$[AH_2^+] + [AH^{\pm}] = [AH_2^+] + 1{,}82\,[AH_2^+] = 2{,}82\,[AH_2^+]$$

Pour le second couple :

$$4{,}6 = 9{,}68 + \log \frac{[A^-]}{[AH^{\pm}]} \quad \text{donc} \quad \frac{A^-}{[AH^{\pm}]} = 10^{4,6-9,68} = 8{,}32.10^{-6}$$

$$[AH_2^+] + [AH^{\pm}] + [A^-] = 10^{-2}\ \text{mol.L}^{-1}.$$

Des relations ci-dessus, on constate que la concentration en A^- est négligeable, donc on peut écrire : $[AH_2^+] + [AH^{\pm}] \approx 10^{-2}\ \text{mol.L}^{-1}$.

Il résulte que :

$$[CH_3-\underset{\substack{|\\ NH_3^+}}{C}H-COOH] = [AH_2^+] = \frac{10^{-2}}{183} = 5{,}46.10^{-5}\ \text{mol.L}^{-1}$$

$$[CH_3-\underset{\substack{|\\ NH_3^+}}{C}H-COO^-] = [AH^{\pm}] = 5{,}46.10^{-5}\,.\,182 = 9{,}95.10^{-3}\ \text{mol.L}^{-1}$$

$$[CH_3-\underset{\substack{|\\ NH_2}}{C}H-COO^-] = [A^-] = 9{,}95.10^{-3}\,.\,8{,}32.10^{-6} = 8{,}3.10^{-8}\ \text{mol.L}^{-1}\ \text{(négligeable).}$$

14

La L-leucine est un acide aminé dont la solubilité dans l'eau à 20°C est de 23,74 g.L^{-1}.

$$\underbrace{\begin{matrix} CH_3 \searrow \\ CH_3 \nearrow \end{matrix} CH-CH_2-}_{R}\underset{\substack{|\\ NH_2}}{C}H-COOH$$

(leucine)

La masse molaire de la leucine est de 131 grammes et ses deux pK_a ont les valeurs suivantes : $pK_{a_1} = 2,3$ $pK_{a_2} = 9,6$

A/ 1. Attribuer les deux valeurs de pK_a aux fonctions acido-basiques concernées.

2. Ecrire les équilibres acido-basiques correspondants.

3. Tracer le diagramme donnant, en fonction du pH, les espèces prédominantes de la L-leucine.

B/ 1. Calculer la concentration, exprimée en $mol.L^{-1}$ d'une solution aqueuse saturée A de L-leucine.

2. Que constate-t-on si l'on ajoute de la L-leucine à cette solution aqueuse saturée A ?

3. Sous quelle forme majoritaire se trouve la L-leucine dans la solution aqueuse saturée A ?

4. Quel est le pH de cette solution A ?

C/ On prélève 100 cm^3 de cette solution saturée A et on complète à 200 cm^3 avec de l'eau.

1. Quel est le pH de cette nouvelle solution B ? Cette solution est-elle une solution tampon ?

2. Calculer le nombre de moles de L-leucine présentes dans cette solution B.

3. Quel volume de solution de soude de concentration 1 mole L^{-1}, faut-il ajouter à la solution B, pour obtenir une solution C de pH = 9,5 ?

D/ On ajoute à la solution C 5.10^{-4} mole d'acide acétique CH_3COOH.

1. Cette addition conduit-elle à une augmentation ou à une diminution du pH ?

2. Justifier rapidement l'importance de cette variation.

3. Quelle est la forme majoritaire du couple CH_3COOH / CH_3COO^- présent dans cette solution ? Justifier .

Données : pK_a CH_3COOH / CH_3COO^- = 4,8.

Extrait Concours Cochin 1989.

A/ 1. Les deux fonctions acido-basiques sont la fonction acide carboxylique qui est la plus fortement dissociable et la fonction amine dont la forme protonnée est l'acide le plus faible.

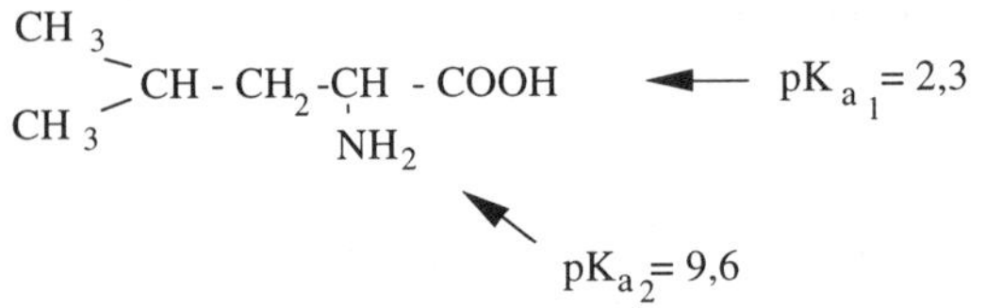

2. $(CH_3)_2CH{-}CH(NH_3^+){-}COOH + H_2O \rightleftarrows (CH_3)_2CH{-}CH(NH_3^+){-}COO^- + H_3O^+ \quad pK_{a_1}$

$(AH^{2+}) \qquad\qquad (AH^{\pm})$

$(CH_3)_2CH{-}CH(NH_3^+){-}COO^- + H_2O \rightleftarrows (CH_3)_2CH{-}CH(NH_2){-}COO^- + H_3O^+ \quad pK_{a_2}$

$(AH^{\pm}) \qquad\qquad (A^-)$

3.

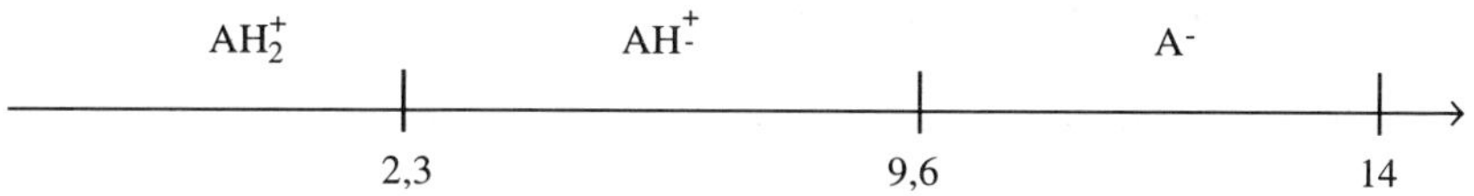

B/ 1. Dans un litre on a introduit 23,74 g de leucine, soit $\frac{23,74}{131}$ = 0,1812 mole dans 1 litre.

$$\boxed{c = 0,1812 \text{ mol.L}^{-1}}$$

2. En ajoutant de la leucine à la solution déjà saturée il y aura un équilibre entre la leucine solide et la leucine en solution.

3. Dans la solution A, la leucine se trouve sous forme de zwitterion $AH^{\pm}$.

4. Le pH du milieu, qui correspond au point isoélectrique, est celui d'un ampholyte, le zwitterion : $pH = \frac{1}{2}pK_{a_1} + \frac{1}{2}pK_{a_2}$ $\boxed{pH = 5,95}$

C/ Le volume est doublé, la concentration est donc divisée par 2 : $\boxed{c = 0,0906 \text{ mol.L}^{-1}}$

1. Dans la nouvelle solution, l'espèce majoritaire est toujours le zwitterion,

$$\boxed{pH = 5,95}$$

La nouvelle solution B n'est pas une solution tampon, car elle ne contient pas un mélange d'acide faible et de sa base conjuguée.

2. Le nombre de moles de leucine est le même : 0,01812 mole, mais il se trouve maintenant dans un volume de 200 mL.

3. En ajoutant de la soude à la solution B, on déplace le second équilibre d'ionisation de la leucine et on forme ainsi une autre solution tampon, la solution C, de pH = 9,5 :

$$pH = pK_{a_2} + \log\frac{[A^-]}{[AH^{\pm}]} \quad \text{donc :}$$

$$9,5 = 9,6 + \log\frac{[A^-]}{[AH^{\pm}]}, \quad \text{on en déduit que } \frac{[A^-]}{[AH^{\pm}]} = 0,794$$

La réaction de neutralisation partielle qui intervient :

	$\overset{+}{AH^-}$	+ OH^-	$\rightleftarrows$	A^-	+ H_2O
n_i	0,01812	x		–	–
n_f	(0,01812 –x)	ε		x	–

$$\frac{[A^-]}{[\overset{+}{AH^-}]} = 0{,}794 = \frac{x}{0{,}01812 - x}.$$ Il en résulte que $x = 8{,}02.10^{-3}$ mole

La concentration de la solution de NaOH étant 1 $mol.L^{-1}$, il faut donc ajouter à la solution B $8{,}02.10^{-3}$ L de soude, soit 8 mL.

D/ 1. L'addition à la solution C d'une solution de CH_3COOH diminue le pH, en déplaçant l'équilibre vers le domaine acide.

2. La solution C est un tampon de pH = 9,5, de concentration 0,0906 $mol.L^{-1}$. Le pouvoir tampon de la solution est très élevé, car le pH est proche du pK_{a_2} (9,6) où le pouvoir tampon est maximal.

La variation de pH sera donc peu importante, car on ajoute un acide faible en concentration faible, plus faible que la concentration du tampon, donc on ajoute peu d'ions H_3O^+.

3. Pour le couple CH_3COO^-/CH_3COOH, la proportion des deux espèces est donné par : $pH = pK_a + \log\frac{[CH_3COO^-]}{[CH_3COOH]}$ soit : $9{,}5 = 4{,}8 + \log\frac{[CH_3COO^-]}{[CH_3COOH]}$

Il en résulte que $\frac{[CH_3COO^-]}{[CH_3COOH]} = 10^{9{,}5-4{,}8} = 5{,}012.10^4$.

$$\boxed{CH_3COO^- >> CH_3COOH}$$

15

On prépare une solution de NH_4Cl dans 0,5 L d'eau, dont le pH est égal à 5,1 (pK_a du couple $NH_4^+ / NH_3 = 9{,}2$)

A/ Calculer la concentration de cette solution.

B/ On ajoute dans cette solution 15 mL de NaOH de concentration 2 $mol.L^{-1}$. Quel est le pH de la solution ainsi obtenue ?

C/ 1. Calculer les variations de pH, ΔpH_a et ΔpH_b, observées lors de l'addition, soit de $1{,}5.10^{-2}$ mole de H_3O^+, soit de $1{,}5.10^{-2}$ mole de OH^- dans la solution obtenue en **B/**.

2. Comparer les valeurs absolues de ΔpH_a et ΔpH_b . Conclusion ?

D/ Les pK_a des couples acido-basiques de la tyrosine **1** sont les suivants :

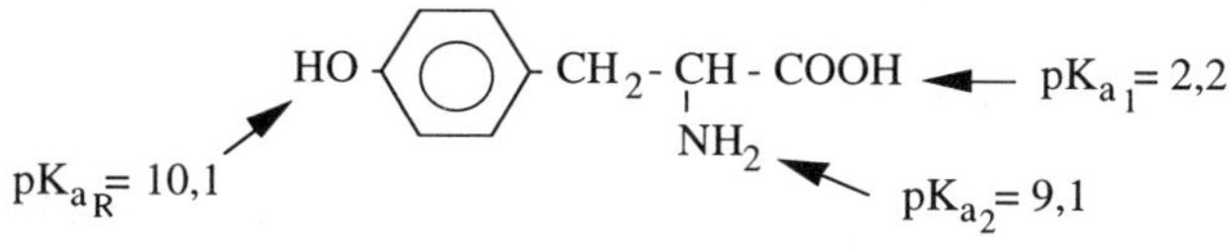

Représentation schématique de 1 | - COOH / - NH$_2$ / - OH

1. Tracer, en fonction du pH, le diagramme des espèces prédominantes de la tyrosine, en utilisant la représentation schématique.
2. En considérant que l'addition de 10^{-3} mole de tyrosine, dans la solution préparée en **B/**, ne fait varier le pH de cette solution que très faiblement, sous quelle forme majoritaire est la tyrosine dans cette solution ?
3. Quelle est la forme majoritaire de la tyrosine dans l'eau pure et quel est le pH de la solution ainsi obtenue ?

On ne tiendra pas compte des variations de volume lors de l'addition des réactifs. Les formules de pH seront admises sans démonstration ni justification.

Extrait Concours Cochin 1988.

A/ Dans l'eau, le chlorure d'ammonium se dissocie en ions NH_4^+ et Cl^-. Les ions Cl^- sont aprotiques, donc le pH est imposé par les ions NH_4^+, acide faible.

$$pH = \frac{1}{2}\,pK_a - \frac{1}{2}\log c \quad \text{donc } 5{,}1 = \frac{1}{2}\,9{,}2 - \frac{1}{2}\log c \quad \text{et} \quad \boxed{c = 10^{-1}\ mol.L^{-1}}$$

B/ La soude réagit avec l'ion NH_4^+ qui est un acide faible :

	NH_4^+	+	OH^-	$\rightleftarrows$	NH_3	+	H_2O
n_i	5.10^{-2}		3.10^{-2}		ε		–
n_f	2.10^{-2}		ε		3.10^{-2}		–

Après la réaction, on trouve dans le milieu réactionnel l'acide faible et sa base conjuguée, donc une solution tampon, dont le pH est :

$$pH = pK_a + \log\frac{[NH_3]}{[NH_4^+]} = 9{,}2 + \log\frac{3.10^{-2}}{2.10^{-2}} = 9{,}38$$

C/ 1. L'addition de faibles quantités d'acide ou de base à la solution tampon fait peu varier son pH :

• Solution tampon (pH = 9,38) + $1{,}5.10^{-2}$ mole H_3O^+

$$NH_3 \quad + \quad H_3O^+ \quad \rightleftarrows \quad NH_4^+ \quad + \quad H_2O$$

n_i	3.10^{-2}	$1{,}5.10^{-2}$	2.10^{-2}	–
n_f	$1{,}5.10^{-2}$	ε	$3{,}5.10^{-2}$	–

$$pH = pK_a + \log\frac{[NH_3]}{[NH_4^+]} = 9{,}2 + \log\frac{1{,}5.10^{-2}}{3{,}5.10^{-2}} = 8{,}83$$

$$\boxed{\Delta pH_a = -\,0{,}55}$$

• Solution tampon (pH = 9,38) + $1{,}5.10^{-2}$ mole de OH^-

$$NH_4^+ \quad + \quad OH^- \quad \rightleftarrows \quad NH_3 \quad + \quad H_2O$$

n_i	2.10^{-2}	$1{,}5.10^{-2}$	3.10^{-2}	–
n_f	$0{,}5.10^{-2}$	ε	$4{,}5.10^{-2}$	–

$$pH = pK_a + \log\frac{[NH_3]}{[NH_4^+]} = 9{,}2 + \log\frac{4{,}5.10^{-2}}{0{,}5.10^{-2}} = 10{,}15$$

$$\boxed{\Delta pH_b = 0{,}77}$$

2. L'introduction de ions H_3O^+ diminue le pH et celle des ions OH^- l'augmente.La variation de pH est faible, dans les deux sens, mais on remarque une variation plus grande, en présence de la base. La solution tampon ne correspond pas au pouvoir tampon maximal ($pH = pK_a$).

D/ 1. Le diagramme des espèces prédominantes de la tyrosine est représenté ci-dessous :

– COOH	– COO^-	– COO^-	– COO^-
– NH_3^+	– NH_3^+	– NH_2	– NH_2
– OH	– OH	– OH	– O^-

→ pH

$pK_{a_1} = 2{,}2$ $\quad pK_{a_2} = 9{,}1$ $\quad pK_{a_3} = 10{,}1$

2. La solution tampon préparée au point précédent a un pH = 9,38. Cela correspond au domaine compris entre pK_{a_2} et pK_{a_3}.

La tyrosine se trouve donc sous forme prédominante :

| – COO^-
| – NH_2

| – OH

3. Comme tous les acides aminés, dans l'eau pure, la tyrosine se trouve sous forme de zwitterion : (ampholyte)

| – COO^-
| – NH_3^+
| – OH

de $pH = \frac{1}{2}\ pK_{a_1} + \frac{1}{2}\ pK_{a_2} = \frac{1}{2} . 2{,}2 + \frac{1}{2} . 9{,}1$

pH = 5,65

16

A/ L'arginine est un acide aminé dont la chaîne latérale porte le groupe guanidyle (Gua) :

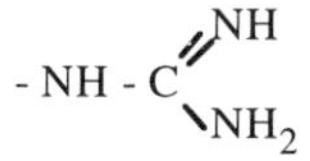

Gua

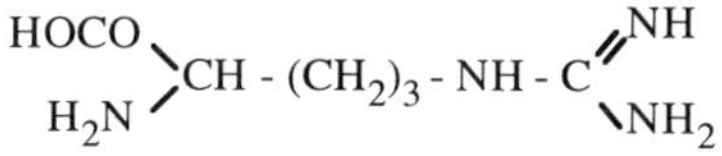

Arginine

Le pK_a du groupe guanidyle, dont le couple est symbolisé par $GuaH^+/Gua$, est de 12,5.

1. Quel est le site de protonation du groupe guanidyle ? Justifier.

Les pK_a des deux autres couples acido-basiques de l'arginine sont 2,2 et 9,0.

2. Délimiter sur un schéma les zones d'existence des différentes formes prédominantes de l'arginine, aux pH compris entre 0 et 14. On représentera chaque forme selon le modèle suivant :

| – COOH
| – NH_3^+
| – $GuaH^+$

3. Quel est le pH isoélectrique de l'arginine ?

B/ A 20 mL d'une solution aqueuse d'arginine, de concentration 0,05 $mol.L^{-1}$, on ajoute 5 mL d'une solution 0,2 $mol.L^{-1}$ d'acide chlorhydrique.

Calculer le pH de la solution obtenue.

C/ La phosphoarginine a pour formule :

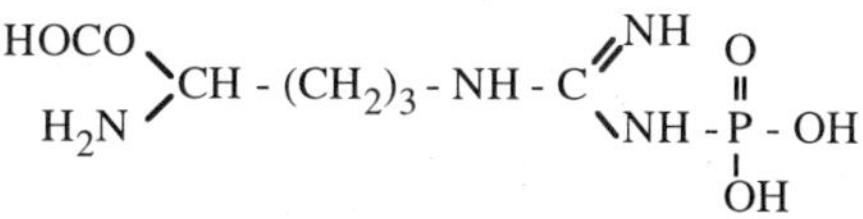

Les pK_a des couples acido-basiques sont 2,0 et 4,5 pour le groupe phosphorique, 2,0 pour le groupe carboxylique, 9,6 pour le groupe amino et 11,2 pour le groupe guanidyle.

1. Quelle est la forme prédominante de la phosphoarginine dissoute dans l'eau ?
2. Quelle est la forme prédominante de la phosphoarginine en solution aqueuse tamponée à pH = 7 ?

D/ Ecrire la réaction d'hydrolyse de la phosphoarginine à pH = 7.

On considère que le pK_a du couple $H_2PO_4^-/HPO_4^{2-}$ est 6,8.

Extrait Concours Necker 1986.

A/ 1. Le site de protonation du groupe guanidyle correspond au doublet de l'azote doublement lié (fonction imine) :

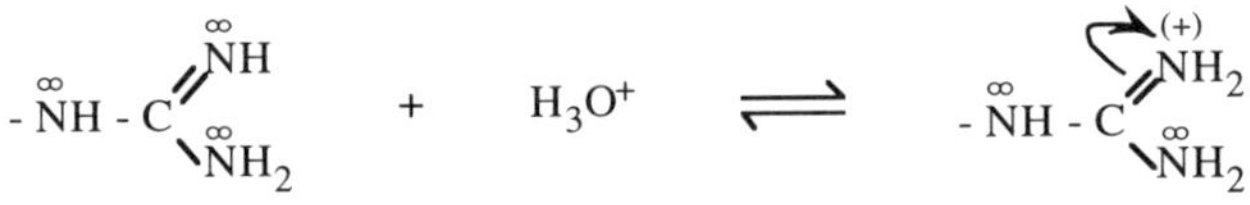

La forme protonée est stabilisée par mésomérie :

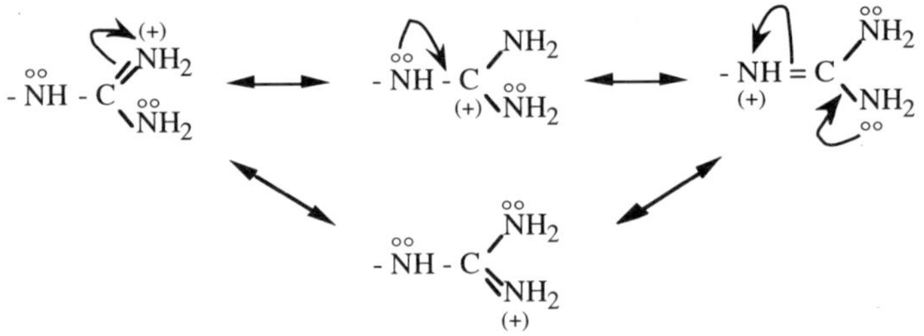

2. On note les différents couples de l'arginine :

- couple $-COOH / -COO^-$ — $AH_3^{2+} / AH_2^{\pm 2+}$
- couple $-CH(NH_3^+)-COO^- / -CH(NH_2)-COO^-$ — $AH_2^{\pm 2+} / AH^{\pm +}$
- couple $-C=NH_2^+ / -C=NH$ $(GuaH^+/Gua)$ — $AH^{\pm +} / A^-$

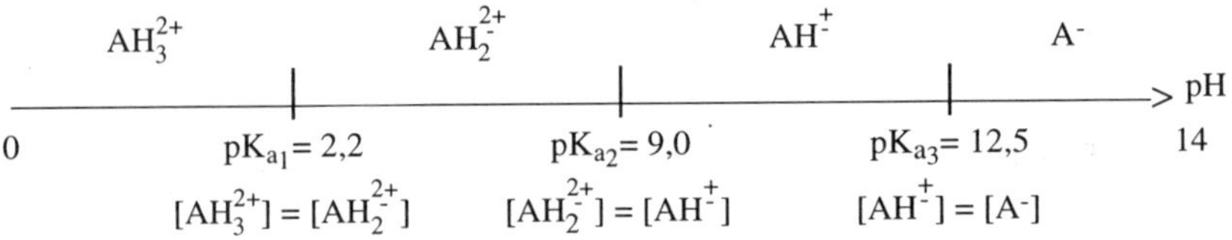

3. Le point isoélectrique de l'arginine correspond au zwitterion, soit à l'espèce $AH^{\overset{+}{-}}$.

$$pH = \frac{1}{2}\ pK_{a_2} + \frac{1}{2}\ pK_{a_3} = \frac{1}{2} . 9{,}0 + \frac{1}{2} . 12{,}5$$

$$\boxed{pH = 10{,}75}$$

B/ Par addition d'acide chlorhydrique à la solution d'arginine, qui est sous forme du zwitterion $AH^{\overset{+}{-}}$, ampholyte, il se forme l'espèce $AH_2^{\overset{2+}{-}}$, qui est aussi un ampholyte.

	$AH^{\overset{+}{-}}$	+ H_3O^+	$\rightleftarrows$ $AH_2^{\overset{2+}{-}}$	+ H_2O
n_i	10^{-3}	10^{-3}	–	–
n_f	ε	ε	10^{-3}	–

$$pH = \frac{1}{2}\ pK_{a_1} + \frac{1}{2}\ pK_{a_2} = \frac{1}{2} . 2{,}2 + \frac{1}{2} . 9{,}0$$

$$\boxed{pH = 5{,}6}$$

C/ La forme prédominante de la phosphoarginine dans l'eau est celle dans laquelle le nombre des charges (+) est égal au nombre de charges (–).

On note les différents couples du système :

- couple $-COOH / -COO^-$ $\quad AH_5^{2+} / AH_4^{\overset{2+}{-}}$ $\quad pK_1 = 2$
- couple $-PO_3H_2 / -PO_3H^-$ $\quad AH_4^{\overset{2+}{-}} / AH_3^{\overset{2+}{2-}}$ $\quad pK_2 = 2$
- couple $-PO_3H^- / -PO_3^{2-}$ $\quad AH_3^{\overset{2+}{2-}} / AH_2^{\overset{2+}{3-}}$ $\quad pK_3 = 4{,}5$
- couple $-NH_3^+ / -NH_2$ $\quad AH_2^{\overset{2+}{3-}} / AH^{\overset{+}{3-}}$ $\quad pK_4 = 9{,}0$
- couple $-\underset{|}{C} = NH_2^+ / -\underset{|}{C} = NH$ (GuaH+/Gua) $\quad AH^{\overset{+}{3-}} / A^{3-}$ $\quad pK_5 = 11{,}2$

1. Dans l'eau pure l'espèce présente est le zwitterion : $AH_3^{\overset{2+}{2-}}$.

En fonction du pH, les diverses espèces acido-basiques présentes en solution se répartissent comme suit :

AH_5^{2+}		$AH_3^{\overset{2+}{2-}}$		$AH_3^{\overset{2+}{3-}}$		$AH^{\overset{+}{3-}}$		A^{3-}	→ pH
	$pK_1 = pK_2 = 2$		$pK_3 = 4{,}5$		$pK_4 = 9{,}6$		$pK_5 = 11{,}2$		

2. En solution aqueuse tamponnée à pH = 7, la forme prédominante sera $AH_2^{\overset{2+}{3-}}$.

D/ A pH = 7, la réaction d'hydrolyse de la phosphoarginine s'écrit :

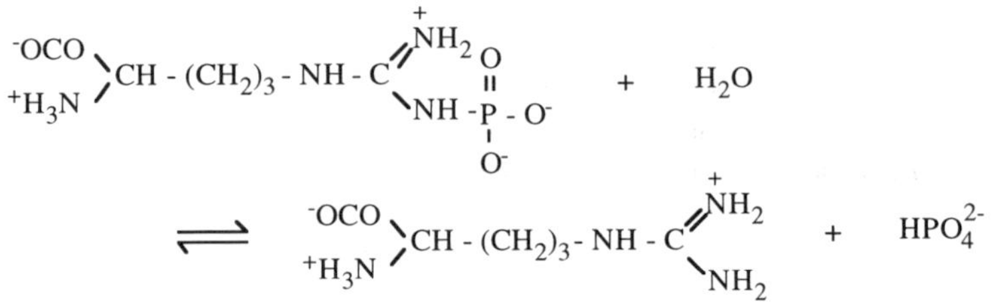

17

Le pH du sang chez l'homme en bonne santé est maintenu entre 7,32 et 7,47. Un écart en dehors des limites 7 – 7,8 entraîne la mort. Le maintien du pH à environ 7,4 fait notamment intervenir le système CO_2 dissous / HCO_3^-.

A/ L'acide carbonique CO_2 dissous est un diacide.
Les pKa des couples CO_2 dissous / HCO_3^- et HCO_3^- / CO_3^{2-} sont respectivement 6,1 et 10,25 dans les conditions physiologiques du plasma sanguin à 37°C.

1. Donner les équations d'équilibre de l'acide CO_2 dissous dans l'eau.
2. Préciser les espèces prédominantes en fonction du pH.

B/ Quel est, à 25°C, le pH d'une solution 0,025 molaire en acide carbonique ? On négligera la seconde acidité de l'acide carbonique. Justifier soigneusement les approximations éventuellement utilisées.
On donne le produit ionique de l'eau à 25°C : $K_e = 10^{-14}$.

C/ 1. Quelles fonctions acido-basiques possède l'ion HCO_3^- ?

2. Quel est le pH d'une solution 0,025 molaire en HCO_3^- ?

D/ Le plasma sanguin est assimilé à une solution de l'acide CO_2 dissous et de sa base conjuguée HCO_3^-.

1. Qu'est-ce qu'une solution tampon ?
2. Au voisinage de quel pH le système CO_2 dissous / HCO_3^- a-t-il l'efficacité tampon maximum ?
3. Calculer les concentrations en $CO_{2\,diss.}$, HCO_3^- et CO_3^{2-} pour un pH = 7,4.

La réserve alcaline R, correspondant au bilan de matière :

$R = [CO_{2\ diss.}] + [HCO_3^-] + [CO_3^{2-}]$ est supposée égale à 0,025 mol.L^{-1}.

4. L'un des termes de R est négligeable, lequel ?

E/ Lors de la digestion une certaine quantité d'acide chlorhydrique passe dans le sang, correspondant à la libération de 0,001 mole d'ions H_3O^+ par litre.

1. Ecrire la réaction chimique mise en jeu.
2. De quel type est-elle ?
3. Est-elle quantitative ? Justifier soigneusement votre réponse.

F/ Calculer les concentrations en $CO_{2\ diss.}$ et HCO_3^-, ainsi que le pH après l'acidification précédente. On négligera la seconde acidité de l'acide carbonique ainsi que la dissociation de l'eau. La réserve alcaline R est supposée maintenue à la valeur de 0,025 mole.L^{-1}.

G/ Le couple CO_2 dissous /HCO_3^- est-il suffisant pour maintenir le pH sanguin dans les limites physiologiques ($7,32 < pH < 7,47$) ?

H/ Quelle serait la variation du pH si la libération d'acide chlorhydrique précédente se produisait dans l'eau pure à 37 °C .

On donne le produit ionique de l'eau à 37 °C : $K_e = 10^{-13,615}$

I/ L'anhydride carbonique dissous dans le sang est en équilibre avec l'anhydride carbonique gazeux présent dans les poumons.

$$CO_{2\ gaz} \rightleftarrows CO_{2\ dissous} \qquad \text{réaction (4)}$$

1. Définir les activités de $CO_{2\ gaz}$ et de $CO_{2\ diss}$. $CO_{2\ gaz}$ est considéré comme un gaz parfait et la solution de CO_2 est très diluée. On précisera les unités éventuelles.
2. Ecrire la constante de l'équilibre (4) en fonction de ces activités.

J/ A 37 °C, la constante de l'équilibre (4) est de $2,3.10^{-2}$. Dans l'hypothèse où le plasma sanguin est un système fermé dont la réserve alcaline reste fixe et égale à 0,025 mole.L^{-1}, calculer la pression partielle p_{CO_2} de l'air alvéolaire :

1. Pour un pH = 7,4
2. Après la libération de 0,001 mole.L^{-1} d'acide chlorhydrique, dans le plasma sanguin.

K/ Dans le diagramme ci-dessous, chaque point est caractérisé par deux coordonnées : la pression partielle de $CO_{2\ gaz}$ et la réserve alcaline R. Les points de même pH sont avec une bonne approximation situés sur une droite, passant par l'origine. Les conditions physiologiques correspondent à la région hachurée. Placer les deux points A et B représentant respectivement les situations des questions **J/** 1 (point A) et **J/** 2 (point B).

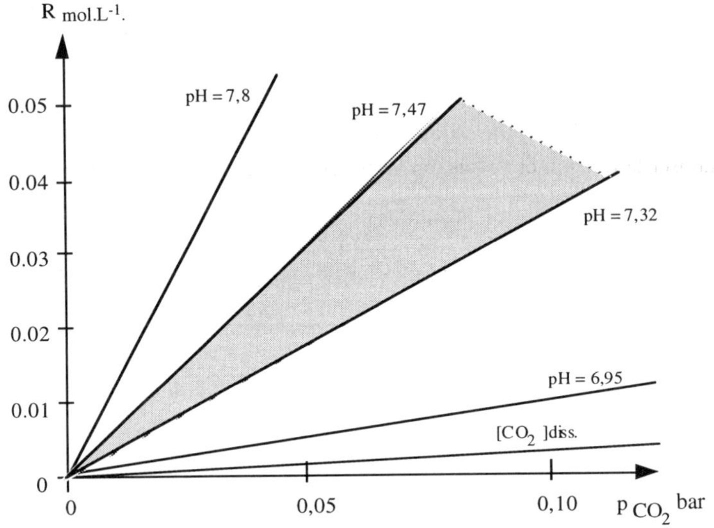

L/ En réalité, le plasma sanguin n'est pas un système fermé. Le $CO_{2\ \text{dissous}}$ formé en excès par la réaction (3) est susceptible de s'éliminer au fur et à mesure de sa formation, grâce à une hyperventilation pulmonaire. Dans l'hypothèse où la pression partielle de CO_2 est maintenue à une valeur très proche de sa valeur initiale (question **J/** a),

1. Quelle est la nouvelle réserve alcaline ?
2. Quel est le pH après l'acidification précédente ?
3. Placer le point C correspondant, sur le diagramme ci-dessus.

M/ Que pensez-vous de l'efficacité du système $CO_{2\text{diss.}}$ / HCO_3^- du sang ? On comparera les résultats des questions **F/, H/** et **L/.**

Extrait Concours Lariboisière 1990.

A/ 1.

$$CO_2 + 2H_2O \rightleftarrows HCO_3^- + H_3O^+ \quad (1)$$

$$HCO_3^- + H_2O \rightleftarrows CO_3^{2-} + H_3O^+ \quad (2)$$

2. Les espèces acido-basiques prédominantes sont réparties en fonction du pH :

$CO_{2\ \text{diss.}}$ | $pK_{a_1} = 6{,}1$ | HCO_3^- | $pK_{a_2} = 10{,}25$ | CO_3^{2-} → pH

B/ L'acide carbonique est un diacide dont on néglige la seconde acidité, il se comporte donc comme un monoacide faible, dont le pH se calcule par la formule simplifiée :

$$pH = \frac{1}{2} pK_{a_1} - \frac{1}{2} \log c = \frac{1}{2} . 6{,}1 - \frac{1}{2} \log 0{,}025$$

$$\boxed{pH = 3{,}85}$$

Pour utiliser la formule ci-dessus, on admet que $[H_3O^+] >> [OH^-]$ et que $[H_3O^+] << c$ (concentration de l'électrolyte).

Or $pH = -\log [H_3O^+] = 3{,}85$, donc $[H_3O^+] = 10^{-pH} = 10^{-3{,}85} = 1{,}412.10^{-4}$ mol.L^{-1}.

$$K_e = [H_3O^+].[OH^-] = 10^{-14} \text{ d'où } [OH^-] = \frac{10^{-14}}{[H_3O^+]} = 7{,}08.10^{-11} \text{mol.L}^{-1}.$$

En conséquence, $[OH^-]$ est négligeable devant $[H_3O^+]$ l'équation de l'éléctroneutralité devient : $[HCO_3^-] + \cancel{[OH^-]} = [H_3O^+] \approx [HCO_3^-]$

La concentration, $c = 2{,}5.10^{-2} >> [H_3O^+] = 1{,}412.10^{-4}$mol.L^{-1}.

Dans l'équation de conservation des masses on pourra écrire :

$$c = [\cancel{HCO_3^-}] + [CO_{2diss}] \approx [CO_{2diss}]$$

La constante de dissociation de l'acide $K_a = \dfrac{[HCO_3^-].[H_3O^+]}{[CO_{2diss}]}$ peut donc également s'écrire :

$K_a = \dfrac{[H_3O^+]^2}{c}$ ce qui justifie l'utilisation de la formule simplifiée. Les approximations utilisées sont donc valables.

C/ 1. L'ion HCO_3^- est un ampholyte : il est la base du couple CO_{2diss}/HCO_3^- et l'acide du couple HCO_3^-/CO_3^{2-}.

2. Le pH de l'ampholyte est indépendant de sa concentration :

$$pH = \frac{1}{2} pK_{a_1} + \frac{1}{2} pK_{a_2} = \frac{1}{2} 6{,}1 + \frac{1}{2} 10{,}25$$

$$\boxed{pH = 8{,}175}$$

D/ 1. Une solution tampon est constituée par un mélange d'un acide faible et de sa base conjuguée; le pH de la solution tampon varie très peu, lors de l'addition d'une quantité modérée d'acide ou de base forte.

2. Le pouvoir tampon maximal de toute solution tampon se manifeste au point ou le pH de la solution est égal au pK_a, c'est-à-dire quand des quantités égales d'acide et de sa base conjuguée sont présentes simultanément en solution. Dans ce cas $pH = pK_a = 6{,}1$.

3. La réserve $R = [CO_{2diss}] + [HCO_3^-] + [CO_3^{2-}] = 0{,}025$ mol.L^{-1}

$$pH = pK_{a_1} + \log \frac{[HCO_3^-]}{[CO_{2diss}]}$$

Pour pH = 7,4 on a : $7{,}4 = 6{,}1 + \log\frac{[HCO_3^-]}{[CO_{2diss}]}$ soit $\frac{[HCO_3^-]}{[CO_{2diss}]} = 10^{7,4-6,1} \approx 20$

Mais à pH = 7,4, la proportion de CO_3^{2-} doit être négligeable. On a en effet :

$$7{,}4 = 10{,}25 + \log\frac{[CO_3^{2-}]}{[HCO_3^-]} \quad \text{soit} \quad \frac{[CO_3^{2-}]}{[HCO_3^-]} = 10^{7,4-10,25} = 1{,}4.10^{-3}$$

Les concentrations qui résultent sont :

$[CO_{2diss}] = 1{,}19.10^{-3}$ mol.L^{-1}

$[HCO_3^-] = 2{,}38.10^{-2}$ mol.L^{-1}

$[CO_3^{2-}] = 3{,}33.10^{-5}$ mol.L^{-1}

4. C'est la concentration en ion CO_3^{2-} qui est négligeable (voir ci-dessus).

E/ 1. Lors de la libération de 0,001 mole d'ions H_3O^+ par litre, dans le sang, les ions H_3O^+ réagissent avec la base du couple $CO_{2diss.}/HCO_3^-$:

$$HCO_3^- + H_3O^+ \rightleftarrows CO_{2diss.} + 2H_2O \qquad (3)$$

2. C'est une réaction de neutralisation de la base HCO_3^- par les ions H_3O^+(acides) :

3. La réaction est du type général : Acide 1 + Base 2 $\rightleftarrows$ Acide 2 + Base 1 avec une constante $K = \frac{[Ac_2][B_1]}{[Ac_1][B_2]} = \frac{K_1}{K_2}$; elle est quantitative si $K_1 >> K_2$.

Pour qu'elle soit quantitative à 1 % près, il faut que $[Ac_2] = [B_1] \geq 0{,}99\ C_o$ et $[Ac_1] = [B_2] \leq 0{,}01\ C_o$ ce qui conduit à une valeur pour $K \approx 10^4$, d'où $K_1 \approx 10^4\ K_2$.

Ce qui revient à écrire que $pK_2 - pK_1 \geq 4$.

De la même manière, on peut calculer que pour qu'elle soit quantitative à 0,1 % près, il faut que $pK_2 - pK_1 \geq 6$.

Dans le cas présent, $pK_2 = 6{,}1$ et $pK_1 < 0$ (pour HCl), donc la réaction est quantitative.

4. Si la réserve alcaline reste constante, les concentrations en HCO_3^- et CO_{2diss}. sont, après l'acidification évoquée à la question précédente :

	HCO_3^-	+	H_3O^+	$\rightleftarrows$	$CO_{2diss.}$	+	$2\,H_2O$
n_i	$2{,}38.10^{-2}$		1.10^{-3}		$1{,}19.10^{-3}$		–
n_f	$2{,}28.10^{-2}$		ε		$2{,}19.10^{-3}$		–

$[HCO_3^-] = 2{,}28.10^{-2}$ mol.L^{-1},

$[CO_{2diss.}] = 2{,}19.10^{-3}$ mol.L^{-1}.

Le pH dépend alors de ces concentrations :

$$pH = pK_{a_1} + \log \frac{[HCO_3^-]}{[CO_{2diss}]} = 6,1 + \log \frac{2,28.10^{-2}}{2,19.10^{-3}} = 7,12 \qquad (\Delta pH = -0,28)$$

F/ Les limites physiologiques du pH étant : 7,31 < pH < 7,47, on constate que l'acidification a réussi à entraîner le pH en dehors des limites physiologiques. On en déduit que le tampon CO_{2diss}./ HCO_3^- n'est pas assez puissant.

G/ Dans l'eau pure, à 37°C : $K_e = 10^{-13,615}$ et $pH = -\log [H_3O^+]$

$K_e = [H_3O^+][OH^-] = [H_3O^+]^2 = 10^{-13,615}$ car $[H_3O^+] = [OH^-]$

$$pH = -\frac{1}{2} \log 10^{-13,615} = 6,81$$

En introduisant 1.10^{-3} mole d'ions H_3O^+, le $pH = -\log 10^{-3} = 3$ donc

$$\boxed{\Delta pH = -3,81}$$

H/ $CO_{2\,gaz} \rightleftarrows CO_{2\,dissous}$ réaction (4)

1. Activités de $CO_{2\,gaz}$ et $CO_{2\,dissous}$

• pour $CO_{2\,gaz}$ la référence est le gaz pur à la pression de 1 bar

$a = \gamma \frac{p_{CO_2}}{p_{réf}}$ (sans unité) $p_{réf}$ = 1 bar et γ = coefficient d'activité, qui tend vers 1, lorsque $p_{CO_2} \longrightarrow p_{réf}$

• pour $CO_{2\,dissous}$, la référence est la solution infiniment diluée.

$a = \gamma \frac{[CO_2]}{[réf]}$ (sans unité) [réf] = concentration de référence = $1 mol.L^{-1}$

γ = coefficient d'activité $\longrightarrow 1$ si $[CO_2] \longrightarrow 0$

2. La constante d'équilibre de la réaction (4) : $K = \frac{[CO_{2diss}]}{p_{CO_2}}$

I/ A 37°C, $K = 2,3.10^{-2}$, si $[CO_{2\,diss.}]$ est exprimée en $mol.L^{-1}$, et p_{CO_2} est exprimée en bar.

On déduit $p_{CO_2} = \frac{[CO_{2\,diss}]}{K}$ (bar)

1. Pour pH = 7,4 $[CO_{2\,diss.}] = 1,19.10^{-3}\ mol.L^{-1}$ $\quad p_{CO_2} = \frac{1,19.10^{-3}}{2,3.10^{-2}} = 0,052$ bar

2. Après libération de 0,001 $mol.L^{-1}$ d'acide chlorhydrique, on se trouve dans la situation de la question **E/** 4 : pH = 7,12

$$[CO_{2\,diss.}] = 2,19.10^{-3}\ mol.L^{-1} \qquad p_{CO_2} = \frac{2,19.10^{-3}}{2,3.10^{-2}} = 0,096 \text{ bar}$$

J/ Le point A a pour coordonnées p_{CO_2} = 0,052 bar. R = 0,025 $mol.L^{-1}$.

Le point B a pour coordonnées p_{CO_2} = 0,096 bar. R = 0,025 $mol.L^{-1}$.

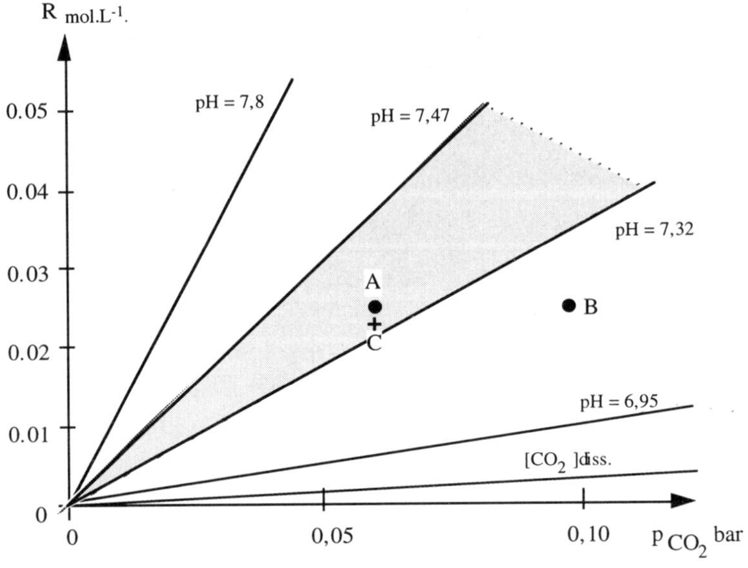

K/ 1. Si le système est ouvert, la ventilation maintient la concentration en gaz carbonique dissous à sa valeur initiale c'est-à-dire $[CO_{2diss.}] = 1{,}19.10^{-3}$ mol.L^{-1} .

Par la réaction (3) :

$$HCO_3^- + H_3O^+ \rightleftarrows CO_{2diss} + 2H_2O \quad (3)$$

la concentration en HCO_3^- est modifiée ; elle atteint $2{,}28.10^{-2}$ mol.L^{-1}, tandis que celle de $[CO_3^{2-}]$ est toujours négligeable. La nouvelle réserve alcaline est alors :

$$R = [HCO_3^-] + [CO_{2diss.}] = 2{,}28.10^{-2} + 1{,}19.10^{-3} = 2{,}4.10^{-2} \text{ mol.L}^{-1}.$$

2. Après acidification, le pH est contrôlé par les valeurs des concentrations en CO_2 dissous et HCO_3^- :

$$pH = pK_{a_1} + \log \frac{[HCO_3^-]}{[CO_{2diss.}]} = 6{,}1 + \log \frac{2{,}28.10^{-2}}{1{,}19.10^{-3}}$$

$$\boxed{pH = 7{,}38}$$

La valeur de pH obtenue se situe dans le domaine physiologique.

3. Le point C correspondant au cas ci-dessus est placé sur le diagramme précédent. Il est à l'intérieur du domaine physiologique, comme le point A.

L/ Le système CO_{2diss}/HCO_3^- est très efficace, il maintient le pH dans le domaine physiologique, **à condition qu'il soit ouvert,** car c'est la ventilation pulmonaire qui maintient la pression de CO_2 à la même valeur qu'avant l'acidification et ramène le pH à une valeur acceptable.

18

En s'aidant du diagramme de Flood des acides, ci-joint, indiquer :

A/ Le pH d'une solution 0,1 molaire d'acide fluorhydrique HF

B/ le pH d'une solution 10^{-5} molaire de HF.

C/ Commenter

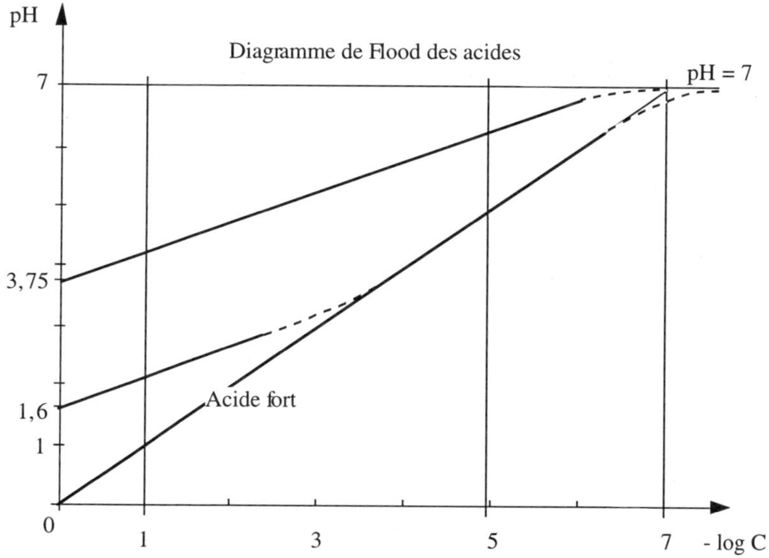

Données : $pK_a\ (HF/F^-) = 3{,}2$

HCl $pK_a < 0$ HF $pK_a = 3{,}2$ HClO $pK_a = 7{,}5$

Extrait Concours Bichat 1991.

Sur le diagramme de Flood, la nature des acides est indiquée :

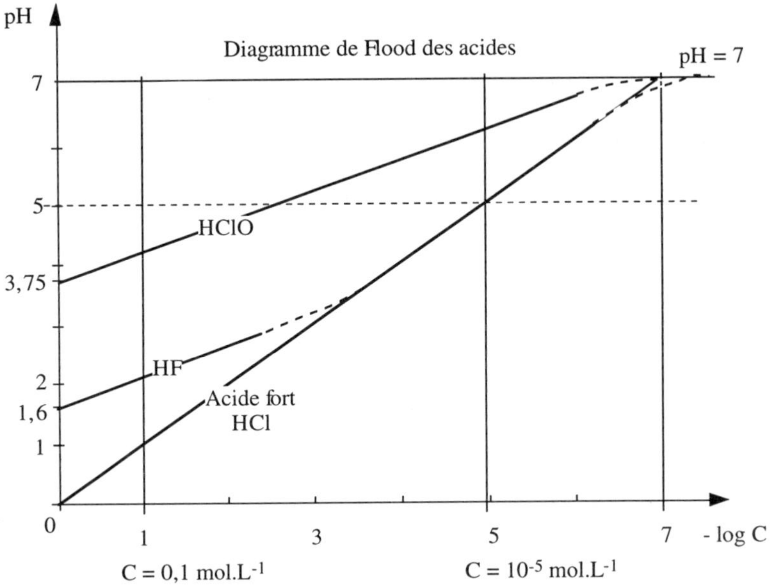

- la droite passant par l'origine correspond à HCl, car pour un acide fort,

$$pH = -\log c$$, sauf pour de très grandes dilutions.;

- l'acide faible le plus dissocié (HF qui a le pKa le plus faible), se comporte comme un acide fort, lorsqu'il est dilué, ce qui explique la confusion des deux courbes représentant HCl et HF au delà de pH = 3,5.($c < 10^{-4}$ mol.L^{-1})

1. Solution 0,1 mol.L^{-1} HF : pH = 2,1 comportement acide faible
2. Solution 10^{-5} mol.L^{-1} HF : pH = 2,1 comportement acide fort.

19

L'acide L-ascorbique (vitamine C) a la formule développée, ci-dessous, où les atomes de carbone sont numérotés de 1 à 6 :

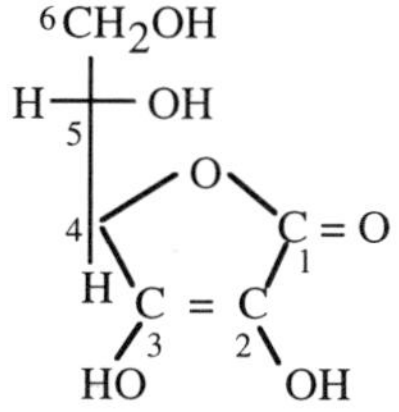

L'acide L-ascorbique présente, en solution aqueuse, deux acidités correspondant aux fonctions énol portées respectivement par le carbone 3 ($pK_{a_1} = 4{,}17$) et le carbone 2 ($pK_{a_2} = 11{,}57$).

De nombreuses spécialités pharmaceutiques contiennent essentiellement de la vitamine C comme principe actif et un excipient sans action sur le pH. On dissout un comprimé d'un tel médicament dans 100 mL d'eau pure (solution S). Le pH de cette solution est égal à 2,86. On note $AscH_2$, $AscH^-$, Asc^{2-} les différentes espèces acido-basiques dérivées de l'acide ascorbique.

A/ 1. Calculer la masse d'acide ascorbique contenue dans un comprimé.

2. Justifier la relation adoptée pour effectuer le calcul et la ou les approximations utilisées.

B/ Déterminer le volume de soude de molarité 0,055 $mol.L^{-1}$ qu'il faut ajouter à la solution S pour neutraliser la première acidité de l'acide ascorbique qu'elle contient.

C/ La courbe de neutralisation $pH = f(V_{NaOH})$ de la solution S par la soude est donnée ci-dessous. V_e désigne le volume de soude correspondant au point de première équivalence. Donner la valeur du pH aux points A ($V_{NaOH} = 0$), B ($V = \frac{V_e}{2}$), C ($V = V_e$) et D ($V = \frac{3V_e}{2}$).

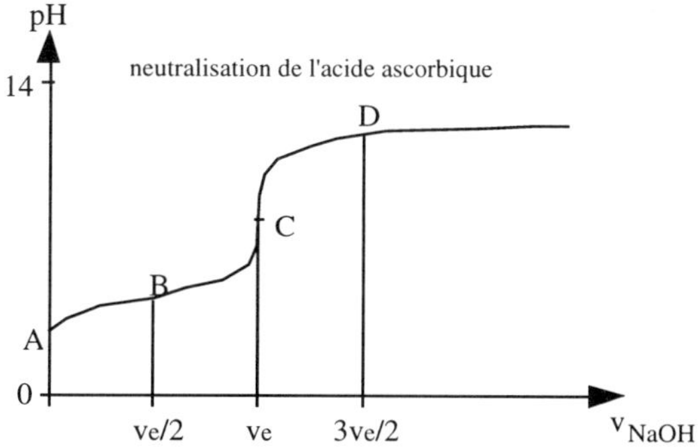

D/ La vitamine C existe également sous une forme tamponnée obtenue en réalisant un mélange acide ascorbique - ascorbate monosodique. Un comprimé de masse 500 mg ne contient que ces deux molécules. Il est dissous dans 100 mL d'eau pure. La solution S' obtenue a un pH égal à 4,5.

Quelle est la masse d'ascorbate de sodium contenue dans le comprimé ?

Données :

Masse molaire de l'acide ascorbique : $M = 176\ g.mol^{-1}$

Masse molaire de l'ascorbate de sodium : $M = 198\ g.mol.^{-1}$

Produit ionique de l'eau à 298,15 K : $K_e = 10^{-14}$

Extrait Concours Broussais 1990.

A/ 1. L'acide ascorbique est un diacide faible (voir exercice n°12). En négligeant la seconde acidité, comme pour tout diacide à pK_a très différents :

$$pH = \frac{1}{2} pK_{a_1} - \frac{1}{2} \log c = 2,86$$

Donc $\log c = pK_{a_1} - 2\ pH = 4,17 - 5,72$. On en déduit que $c = 0,0282\ mol.L^{-1}$, ce qui revient à $2,82.10^{-3}$ mole dans les 100 mL de la solution S.

La masse d'acide L-ascorbique, dans un comprimé est donc $m = n.M = 2,82.10^{-3}.176$

$$\boxed{m = 0,496\ g}$$

2. La relation simplifiée, ci-dessus, suppose l'utilisation de deux approximations, dont la validité peut être vérifiée pour les acides faibles :

$$\left| \begin{array}{l} [OH^-] \ll [H_3O^+] \\ [H_3O^+] \ll c \end{array} \right.$$

• Du produit ionique de l'eau $K_e = [H_3O^+][OH^-] = 10^{-14}$ on déduit la concentration en $[OH^-]$:

$pH = 2,86$ et $[H_3O^+] = 10^{-pH} = 10^{-2,86} = 1,38.10^{-3}\ mol.L^-$,

$$[OH^-] = \frac{10^{-14}}{[H_3O^+]} = \frac{10^{-14}}{1,38.10^{-3}} = 7,2.10^{-12}\ mol.L^{-1},$$

La première relation est ainsi vérifiée, car $7,2.10^{-12} \ll 1,38.10^{-3}$

• Pour la seconde approximation, il suffit de comparer les valeurs numériques de la concentration de l'acide ascorbique et des ions H_3O^+ pour constater sa validité :

$$[H_3O^+] = 1,38.10^{-3}\ mol.L^{-1} \ll c = 2,82.10^{-2}\ mol.L^{-1}.$$

B/ Pour neutraliser la première acidité de l'acide L-ascorbique il faut le même nombre de moles de base, soit : $n_{acide} = n_{base} = 2,82.10^{-3}$ mole

$$AsCH_2 + OH^- \rightleftarrows AsCH^- + H_2O$$

$2,82.10^{-3} = 5,5.10^{-2}.v$ d'où $v = 51,27$ mL de NaOH $0,055\ mol.L^{-1}$.

C/ La courbe de neutralisation donnée correspond au système acide faible + base forte car elle ne présente qu'un seul point d'équivalence.

• point A $v_{base} = 0$, le pH correspond à la solution initiale S

$$\boxed{pH = 2,86}$$

• point B $v_{base} = \frac{V_e}{2}$; il s'agit du point de demi-neutralisation de la première acidité,

$$\boxed{pH = pK_{a_1} = 4,17}$$

• point C $v_{base} = V_e$; c'est le point de neutralisation de la première acidité (cf. paragraphe précédent) et l'espèce présente dans le milieu est l'ampholyte $AscH^-$ qui impose le $pH = \frac{1}{2}pK_{a_1} + \frac{1}{2}pK_{a_2} = \frac{1}{2}.4,17 + \frac{1}{2}.11,57$

$$\boxed{pH = 7,87}$$

• point D $v_{base} = \frac{3V_e}{2}$; il s'agit du point de demi-neutralisation de la seconde acidité,

$$\boxed{pH = pK_{a_2} = 11,57}$$

D/ La vitamine C sous forme tamponnée contient donc l'acide ascorbique et l'ascorbate de sodium, soit la solution tampon formée par l'acide et sa base conjuguée dans 100 mL d'eau (la solution S').

Pour les systèmes tampon : $pH = pK_a + \log\frac{[base]}{[acide]}$

soit pour la solution S' : $4,5 = 4,17 + \log\frac{[AscH^-]}{[AscH_2]}$ d'où $\frac{[AscH^-]}{[AscH_2]} = 2,138$

Le comprimé est formé de : $m_{AsCH_2} + m_{AsCH^-} = 0,5$ g

$m = n.M$ donc $0,5 = [AsCH_2].176 + [AsCH^-].198$

A partir des deux relations ci-dessus, on calcule les concentrations des 2 espèces :

$[AscH_2] = 8,345.10^{-4}$ mol.L^{-1}

$[AscH^-] = 1,784.10^{-3}$ mol.L^{-1}

Il s'ensuit que la masse de l'ascorbate est $m_{AsCH^-} = 1,784.10^{-3} \cdot 198$

$$\boxed{m = 0,353\ g}$$

20

La glycine a pour formule organique classique NH_2–CH_2–COOH. Elle comporte deux groupes susceptibles d'échanger un proton avec des molécules d'eau. Les pK_a des deux fonctions sont respectivement :

2,4 pour le groupe carboxylique et 9,7 pour le groupe amine.

A/ Ecrire les deux équilibres acido-basiques correspondants.

Ecrire sans démonstration les formules donnant le pH d'une solution d'acide faible et de base faible. On appliquera ces formules dans la suite du problème.

B/ On considère une solution décimolaire de glycine sous sa forme diacide. Quel est son pH? Indiquer un ion minéral simple pouvant accompagner la glycine diacide pour assurer la neutralité électrique de la solution.

C/ Quel est le pH d'une solution décimolaire de glycinate de sodium ?

D/ Lorsqu'on effectue la neutralisation progressive de la solution acide décimolaire, considérée à la question 2, par de la soude concentrée, rencontre-t-on des solutions présentant l'effet tampon maximal? Si oui, en donner le pH et la composition.

On négligera l'effet de dilution dû à l'addition de la solution de soude.

E/ Considérons une solution aqueuse de glycine suffisamment concentrée pour qu'on puisse négliger $[H_3O^+]$ et $[OH^-]$ provenant de l'équilibre d'ionisation de l'eau.

1. Contient-elle des ions ?
2. Quelle relation y-a-t-il entre les concentrations de ces ions ?
3. Comment en calculer le pH ?
4. Quel est le pH de cette solution ?

F/ Tracer schématiquement la courbe de variation du pH en fonction de la quantité de soude versée en partant d'une solution acide et en plaçant les points calculés aux **B/**, **C/**, **D/** et **E/**.

G/ 1. Que se passe-t-il si l'on tente d'électrolyser la solution de glycine considérée au **E/** ? Quels sont les ions qui migrent vers la cathode ? Que se passe-t-il alors ?

2. Si l'on maintient le pH d'une solution diluée de glycine à 8 en la tamponnant, quel est l'ion majoritaire ? Dans quelle direction migre-t-il?

H/ On appelle point isoélectrique le point pour lequel la somme des charges portées par l'acide aminé est nulle.

Quels sont les points isoélectriques des acides aminés suivants :

		pK_{a1}	pK_{a2}	pK_{a3}
thréonine	$CH_3-CH(OH)-CH(NH_2^{(2)})(COOH^{(1)})$	2,6	10,4	-
acide glutamique	$HOCO^{(2)}-CH_2-CH_2-CH(NH_2^{(3)})(COOH^{(1)})$	2,2	4,2	9,2
lysine	$NH_2^{(3)}-(CH_2)_4-CH(NH_2^{(2)})(COOH^{(1)})$	2,2	8,9	10,5

I/ Si l'on maintient à 6 le pH d'une solution où l'on introduit de petites quantités de glycine, thréonine, lysine et acide glutamique et que l'on tente de l'électrolyser, que vont faire ces composés?

N.B. : Il y a là, le point de départ d'une méthode puissante de séparation des acides aminés et surtout des peptides et des protéines : l'électrophorèse.

Extrait Concours Pitié 1983.

A/ Equilibres acido-basiques de la glycine :

$$NH_3^+-CH_2-COOH + H_2O \rightleftarrows NH_3^+-CH_2-COO^- + H_3O^+$$

$$NH_3^+-CH_2-COO^- + H_2O \rightleftarrows NH_2-CH_2-COO^- + H_3O^+$$

Formules de calcul du pH :

Acide faible : $pH = \frac{1}{2}\, pK_a - \frac{1}{2}\log c$

Base faible : $pH = 7 + \frac{1}{2}\, pK_a + \frac{1}{2}\log c$

B/ La forme diacide : $NH_3^+-CH_2-COOH$. Des deux fonctions acides présentes, c'est la plus acide, c'est-à-dire la fonction acide carboxylique, qui impose le pH (acide faible).

$$pH = \frac{1}{2}\, pK_a - \frac{1}{2}\log c = \frac{1}{2}\, 2{,}4 - \frac{1}{2}\log 10^{-1} = 1{,}7$$

Pour assurer la neutralité électrique de la solution, on peut utiliser un anion minéral, comme Cl^-, NO_3^-, ClO_4^- et autres.

C/ Le glycinate de sodium se dissocie en ions Na^+, aprotiques, et ions $NH_2-CH_2-COO^-$, qui correspondent à la forme dibasique de la glycine; des deux fonctions basiques présentes, c'est la plus forte, $-NH_2$, qui impose le pH (base faible).

$$pH = 7 + \frac{1}{2}\,pK_a + \frac{1}{2}\log c = pH = 7 + \frac{1}{2}\,9{,}7 + \frac{1}{2}\log 10^{-1} = 11{,}35$$

D/ Lorsqu'on effectue la neutralisation progressive de la solution acide décimolaire, par de la soude concentrée, on rencontre deux solutions tampon de pouvoir tampon maximal, qui correspondent aux points de demi-neutralisation des deux acidités, donc aux deux pK_a.

1. $pH = pK_{a_1} = 2{,}4$. Tampon formé d'un mélange en quantité égale de

$NH_3^+-CH_2-COOH$ et de $NH_3^+-CH_2-COO^-$ (soit 0,05 mol.L^{-1} de chaque).

2. $pH = pK_{a_2} = 9{,}7$. Tampon formé d'un mélange en quantité égale de

$NH_3^+-CH_2-COO^-$ et de $NH_2-CH_2-COO^-$ (soit 0,05 mol.L^{-1} de chaque).

E/ 1. Dans la solution aqueuse de glycine, les seuls ions sont $NH_3^+-CH_2-COOH$ et $NH_2-CH_2-COO^-$ car le zwitterion étant du type $\overset{+}{A}H^-$, sa charge globale est nulle.

2. Tout acide aminé dans l'eau se trouve sous forme de zwitterion, ion dipolaire. Dans le cas de la glycine (en solution dans l'eau), celle-ci se trouve sous la forme amphotère

$$NH_3^+-CH_2-COO^-.$$

Un équilibre s'établit entre ces 3 espèces :

$$2\,NH_3^+-CH_2-COO^- \rightleftharpoons NH_3^+-CH_2-COOH + NH_2-CH_2-COO^-$$

L'équilibre montre que les deux ions en présence sont en quantité égale :

$$[NH_3^+-CH_2-COOH] = [NH_2-CH_2-COO^-]$$

3. Pour calculer le pH on utilise la formule pour les solutions d'ampholytes :

$$pH = \frac{1}{2}\,pK_{a_1} + \frac{1}{2}\,pK_{a_2}$$

4. $pH = \frac{1}{2}\,2{,}4 + \frac{1}{2}\,9{,}7 = 6{,}05$

F/ Compte tenu des divers points dont les coordonnées ont été établies ci-dessus, on peut tracer la courbe de neutralisation de la glycine traduisant la variation du pH, en fonction de la quantité de soude versée dans la solution contenant l'acide aminé :

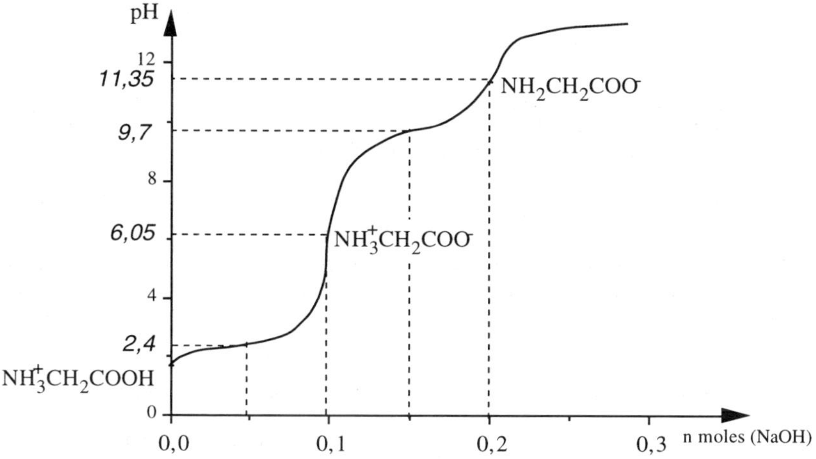

G/ 1. Si on tente d'électrolyser la solution de glycine dans l'eau, il ne se passe rien, car la glycine se trouve sous forme d'ion dipolaire $NH_3^+–CH_2–COO^-$, de charge globale nulle, qui ne migre pas. Théoriquement, les ions $NH_3^+–CH_2–COOH$ devraient migrer vers la cathode (pôle –) et les ions $NH_2–CH_2–COO^-$ devraient migrer vers l'anode (pôle +). Mais au pH_I, ils sont minoritaires.

$$pH = pK_{a_1} + \log\frac{[NH_3^+–CH_2–COO^-]}{[NH_3^+–CH_2–COOH]} \text{ soit } 6{,}05 = 2{,}4 + \log\frac{[NH_3^+–CH_2–COO^-]}{[NH_3^+–CH_2–COOH]}$$

$$\log\frac{[NH_3^+–CH_2–COO^-]}{[NH_3^+CH_2–COOH]} = 3{,}65 \text{ et } \frac{[NH_3^+–CH_2–COO^-]}{[NH_3^+–CH_2–COOH]} = 10^{3,65} = 4{,}466.10^3.$$

De même pour l'ion $NH_2–CH_2–COO^-$:

$$pH = pK_{a_2} + \log\frac{[NH_2–CH_2–COO^-]}{[NH_3^+–CH_2–COO^-]}$$

$$\text{soit } 6{,}05 = 9{,}7 + \log\frac{[NH_2–CH_2–COO^-]}{[NH_3^+–CH_2–COO^-]}$$

$$\log\frac{[NH_2–CH_2–COO^-]}{[NH_3^+–CH_2–COO^-]} = -3{,}65 \quad \frac{[NH_2–CH_2–COO-]}{[NH_3^+–CH_2–COO^-]} = 10^{-3,65} = 2{,}24.10^{-4}.$$

2. Pour un pH = 8, on se trouve entre le point isoélectrique et le pK_{a_2}, donc les espèces présentes sont le zwitterion $NH_3^+-CH_2-COO^-$ et l'anion $NH_2-CH_2-COO^-$.

$$pH = pK_{a_2} + \log\frac{[NH_2-CH_2-COO^-]}{[NH_3^+-CH_2-COO^-]} \quad \text{soit } 8 = 9{,}7 + \log\frac{[NH_2-CH_2-COO^-]}{[NH_3^+-CH_2-COO^-]}$$

$$\frac{[NH_2-CH_2-COO^-]}{[NH_3^+-CH_2-COO^-]} = 10^{-1{,}7} = 0{,}01995.$$

Le Zwitterion est majoritaire, l'anion migre vers le pôle + (anode).

H/ Point isoélectrique = pH_I

	Thréonine	Acide glutamique	Lysine
pH_I =	$\frac{pK_{a_1}+pK_{a_2}}{2}$	$\frac{pK_{a_1}+pK_{a_2}}{2}$	$\frac{pK_{a_2}+pK_{a_3}}{2}$
	6,5	3,2	9,7

I/ Pour un pH = 6, on examine chacun des acides aminés présents :

- *Glycine* : se trouve sous forme de zwitterion, car pH_I = 6,05. Aucune migration.
- *Thréonine* : pH_I = 6,5, le zwitterion est majoritaire, il ne migre pas; il y a une très faible quantité de l'espèce AH_2^+, qui migre vers la cathode.
- *Acide glutamique* : son pH_I = 3,2, à pH = 6, l'espèce majoritaire est l'anion

$$^-OCO-CH_2-CH_2-\underset{\displaystyle NH_2}{\underset{|}{C}}H-COO^-$$, qui migre vers l'anode, pôle (+).

- *Lysine* : elle a un pH_I très élevé de 9,7. A pH = 6, l'espèce majoritaire est un cation

$$NH_3^+-(CH_2)_4-\underset{\displaystyle NH_3^+}{\underset{|}{C}}H-COO^-$$ qui migre vers le pôle (-).

21

Dans ce problème, les première et troisième acidités de l'acide phosphorique seront négligées.

Une solution à pH = 7,4 est tamponnée à l'aide du couple acido-basique $H_2PO_4^-$ / HPO_4^{2-} (pK_{a2} = 7,2).

A/ Calculer la concentration de chacune des formes $H_2PO_4^-$ et HPO_4^{2-} sachant que la concentration totale en phosphate est égale à 10^{-1} mol.

B/ De combien varie le pH de la solution précédente quand on y ajoute (sans variation de volume) 10^{-2} mol.L^{-1} d'acide chlorhydrique ?

En déduire le pouvoir tampon de la solution. On rappelle que le pouvoir tampon est défini par :

$$T = \frac{[H_3O^+] \text{ ou} [OH^-] \text{ ajoutés}}{\Delta pH} \quad (\text{mol.L}^{-1}.\text{pH}^{-1})$$

C/ Le pouvoir tampon du plasma humain est égal à $2{,}2.10^{-2}$ mol.L^{-1}.pH^{-1} et le pH d'un homme sain est égal à 7,4. Un malade en coma acido-cétosique a un plasma dont le pH est égal à 7,2. Evaluer l'augmentation de la concentration en H_3O^+ responsable de cette diminution de pH.

Les formules de pH seront admises sans démonstration ni justification.

Extrait Concours Cochin 1986.

A/ $H_2PO_4^- + H_2O \rightleftarrows HPO_4^{2-} + H_3O^+$ (1)

$$pH = pK_{a2} + \log \frac{[HPO_4^{2-}]}{[H_2PO_4^-]} \qquad 7{,}4 = 7{,}2 + \log \frac{[HPO_4^{2-}]}{[H_2PO_4^-]}$$

$$\frac{[HPO_4^{2-}]}{[H_2PO_4^-]} = 10^{\,7{,}4-7{,}2} = 1{,}585$$

$[H_2PO_4^-] + [HPO_4^{2-}] = 0{,}1$ mol.L^{-1} | $[H_2PO_4^-] = 3{,}87.10^{-2}$ mol.L^{-1}

$1{,}585\,[H_2PO_4^-] + [HPO_4^{2-}] = 0{,}1$ | $[HPO_4^{2-}] = 6{,}13.10^{-2}$ mol.L^{-1}

B/ Si on ajoute HCl, qui est un acide fort, cela signifie qu'on augmente la quantité d'ions H_3O^+. Cela détermine le déplacement de l'équilibre (1) dans le sens 2, c'est-à-dire vers l'augmentation de la concentration de l'ion phosphate diacide $H_2PO_4^-$ de 10^{-2} mol.L^{-1} tout en diminuant celle du phosphate monoacide HPO_4^{2-} de la même quantité.

La solution obtenue est toujours une solution tampon, mais il y aura une variation de la valeur du pH.

$$pH = 7{,}2 + \log \frac{6{,}13.10^{-2} - 10^{-2}}{3{,}87.10^{-2} + 10^{-2}} = 7{,}2 + \log \frac{5{,}13}{4{,}87} = 7{,}22$$

On constate donc une variation du pH de 0,18 unités :

$$\boxed{\text{Variation de pH} = 7{,}4 - 7{,}22 = 0{,}18}$$

Le pouvoir tampon, calculé selon la formule indiquée, sera :

$$\boxed{\text{Pouvoir tampon } T = \frac{1.10^{-2}}{0{,}18} = 5{,}5.10^{-2}\ mol.L^{-1}.pH^{-1}}$$

C/ Pour le malade, en coma acido-cétosique, dont le plasma est égal à 7,2, on se servira des formules ci-dessus :

$$pH = pK_{a2} + \log\frac{[Base]_T - [H_3O^+]}{[Acide]_T + [H_3O^+]}$$

$[Base]_T$ et $[Acide]_T$ sont les concentrations de la forme basique et de la forme acide dans le tampon à pH = 7,4, soit $6{,}13.10^{-2}$ et $3{,}87.10^{-2}$ $mol.L^{-1}$ respectivement.

Donc : $$7{,}2 = 7{,}2 + \log\frac{6{,}13.10^{-2} - x}{3{,}87.10^{-2} + x}$$

Il s'ensuit que : $6{,}13.10^{-2} - x = 3{,}87.10^{-2} + x$

$$\boxed{x = \frac{6{,}13.10^{-2} - 3{,}87.10^{-2}}{2} = 1{,}13.10^{-2}\ mol.L^{-1}}$$

Soit l'augmentation de la concentration en H_3O^+ responsable de cette diminution de pH est de $1{,}13.\ 10^{-2}$ $mol.L^{-1}$.

22

L'acide sulfureux H_2SO_3 est un diacide dont les pK_a sont $pK_{a1} = 1{,}8$ et $pK_{a2} = 7{,}2$.

A/ Quel est le pH d'une solution aqueuse de cet acide à la concentration $c = 10^{-2}$ $mol.L^{-1}$?

On appliquera la formule approchée sans démonstration, même si son application vous paraît litigieuse.

B/ Préciser les trois approximations qui permettent d'établir la formule approchée utilisée.

C/ Quel est le pH d'une solution aqueuse de $NaHSO_3$ aux concentrations $c_1 = 10^{-2} mol.L^{-1}$ et $c_2 = 10^{-4}$ $mol.L^{-1}$?

La relation servant à ce calcul sera établie.

Extrait Concours Pitié 1999.

A/ L'acide sulfureux est un diacide, mais l'écart entre les deux valeurs de pK_a sont très grandes. Cela nous permet d'utiliser la formule approchée de calcul du pH d'un acide faible, en nous servant de la valeur du pK_{a1}.

$$\boxed{pH = \frac{1}{2} pK_{a1} - \frac{1}{2} \log c}$$

$$\boxed{pH = \frac{1}{2} (1{,}8) - \frac{1}{2} \log 10^{-2}}$$

B/ Les approximations qui nous ont permis d'utiliser cette formule sont :

* le pH nous indique que nous sommes dans un milieu acide, donc la concentration des ions $[OH^-]$ est beaucoup plus faible que celle des ions $[H_3O^+]$

$$[OH^-] << [H_3O^+]$$

* la dissociation de l'acide sulfureux est très faible, négligeable :

$$[H_2SO_3] >> [HSO_3^-]$$

* La seconde acidité est négligeable, par rapport à la première :

$$pK_{a2} = 7{,}2 >> pK_{a1} = 1{,}8$$

C/ $NaHSO_3$ correspond au sel de sodium monoacide de l'acide sulfureux. Dans l'eau, lors de sa dissociation on obtient :

$$NaHSO_3 + H_2O \rightleftarrows Na^+ + HSO_3^-$$

L'ion de Na^+ est un ion indifférent, il n'influe pas sur le pH. L'ion HSO_3^- est un ampholyte, ayant un comportement d'acide et de base, dans la dissociation de l'acide sulfureux :

$$\underset{\text{acide}}{H_2SO_3} + H_2O \rightleftarrows \underset{\text{base}}{HSO_3^-} + H_3O^+ \qquad K_{a1}$$

$$\underset{\text{acide}}{HSO_3^-} + H_2O \rightleftarrows \underset{\text{base}}{SO_3^{2-}} + H_3O^+ \qquad K_{a2}$$

Le calcul du pH fera donc intervenir deux constantes d'équilibre, soit :

$$K_{a1} = \frac{[H_2SO_3]\,[H_3O^+]}{[H_2SO_3]} \quad \text{et} \quad K_{a2} = \frac{[SO_3^{2-}]\,[H_3O^+]}{[HSO_3^-]}$$

Le produit des deux constantes : $K_{a1}K_{a2} = K = \dfrac{[SO_3^{2-}][H_3O^+]^2}{[H_2SO_3]}$

Du bilan massique, des équations ci-dessus,il résulte que :

$[H_2SO_3]+[HSO_3^-] = [HSO_3^-] + [SO_3^{2-}]$. On déduit donc que :

$$\boxed{K_{a1}K_{a2} = [H_3O^+]^2}$$

et $$\boxed{pH = \frac{1}{2}pK_{a1} + \frac{1}{2}pK_{a2}}$$

En revenant à la solution de $NaHSO_3$ on peut calculer le pH des deux solutions :

Pour $c_1 = 10^{-2}$ mol.L^{-1} et pour $c_2 = 10^{-4}$ mol.L^{-1} le pH sera le même, car il ne dépend pas des concentrations, mais uniquement de la valeur des pK_a.

$$\boxed{pH = 4,5}$$

23

On considère une molécule basique, notée B , et le pK_a du couple BH^+/B est 5,2.

Calculer le pH d'une solution contenant B de concentration 10^{-2} mol.L^{-1}, mélangée à BH^+ de concentration 2.10^{-2} mol.L^{-1}.

Pour les calcules de pH, l'utilisation sans démonstration des formules simplifiées est admise.

A/ A la solution précédente on ajoute une concentration 5.10^{-3} mol.L^{-1} de base forte. Quelles sont les concentrations de B et BH^+, à l'équilibre ? Quel est le pH ?

B/ On titre la base B (concentration initiale 10^{-2} mol.L^{-1}) par un acide fort. Quel est le pH au point équivalent ? Parmi les indicateurs colorés suivants : hélianthine ($pK_a = 3,6$), phtaléine ($pK_a = 9,8$), bleu de bromothymol ($pK_a = 7,0$), lequel choisirez-vous pour détecter le point équivalent ?

Extrait Concours Lariboisière 1992.

L'équilibre du couple : $BH^+ + H_2O \rightleftharpoons B + H_3O^+ \quad pK_a = 5,2$

On se trouve en présence d'un acide BH^+ et de sa base conjuguée B, ce qui constitue une solution tampon. Pour le calcul du pH, on se servira de la relation d'Henderson :

$$\boxed{pH = pK_a + \log\frac{[B]}{[BH^+]}}$$

soit : $pH = 5{,}2 + \log \frac{10^{-2}}{2.10^{-2}} = 5{,}2 + \log \frac{1}{2} = 4{,}9$

A/ En ajoutant une base forte, il y aura une réaction entre l'acide BH^+ et cette dernière :

	BH^+	+ OH^-	$\rightleftarrows$	B	+ H_2O
t = 0	2.10^{-2}	5.10^{-3}		10^{-2}	-
t éq.	15.10^{-3}	ε		15.10^{-3}	-

La solution obtenue contient les espèces du couple acide/ base conjuguée (BH^+/B) en quantité égale, (15.10^{-3} mol.L^{-1}). La solution correspond à une solution tampon de pouvoir tampon maximal.

$$pH = pK_a = 5{,}2$$

B/ La base B est titrée par un acide fort :

$$B + H_3O^+ \rightleftarrows BH^+ + H_2O$$

La réaction transformera B en BH^+.

Au point équivalent, la solution contient l'espèce BH^+ (acide faible). Pour calculer le pH, on utilisera la formule approchée, qui correspond aux acides faibles :

$$pH = \frac{1}{2} pK_a - \frac{1}{2} \log c$$

$$pH = \frac{5{,}2}{2} - \frac{1}{2} \log 10^{-2} = 3{,}6$$

* La variation de volume étant faible, nous avons considéré que le dosage n'a pas modifié les concentrations.

Parmi les indicateurs colorés proposés, celui qui convient à ce dosage c'est l'hélianthine.

24

L'anilinium ($C_6H_5NH_3^+$) est un acide faible, pK_a $C_6H_5NH_3^+ / C_6H_5NH_2 = 4{,}6$; les conditions expérimentales sont telles que les formules approchées sont applicables ; on ne tiendra pas compte de la dilution.

On prépare 50 mL d'une solution 0,01 mol.L^{-1} en aniline que l'on dose par de l'acide chlorhydrique 0,25 mol.L^{-1} .

A/ Quel est le pH de la solution initiale d'aniline ?

B/ Quel volume d'acide est-il nécessaire d'ajouter pour neutraliser entièrement l'aniline ?

Quel est le pH au point de neutralisation ?

C/ Donner la concentration des espèces présentes en solution, pour un pH égal à 7 et pour un pH égal à 4,12.

Quel est le volume d'acide ajouté dans ce dernier cas ?

On ajoute alors à la solution de pH = 4,12, 0,001 moles de soude ; calculer le nouveau pH de la solution.

Extrait Concours blanc Saint-Antoine Janvier 1987.

A/ L'aniline est une base faible, dont le pH sera calculé par la formule approchée :

$$pH = 7 + \frac{1}{2}\ pK_a - \frac{1}{2}\ \log c$$

$$pH = 7 + \frac{1}{2}\ 4{,}6\ - \frac{1}{2}\ (-2) = 8{,}3$$

B/ La réaction de l'aniline avec l'acide chlorhydrique, conduit au chlorure d'anilinium :

$$C_6H_5NH_2 + HCl \longrightarrow C_6H_5NH_3^+, Cl^-$$

Au point d'équivalence, le nombre de moles d'acide est égal au nombre de moles de base, soit : $c_a.V_a = c_b.V_b$. Il résulte que : $V_a = \frac{c_b.V_b}{c_a.} = \frac{50 \text{ x } 0{,}01}{0{,}25} = 2 \text{ mL}$

Au point d'équivalence , le pH sera déterminé par l'ion anilinium, qui a un comportement d'acide faible, car l'autre ion en présence, le Cl^- est un ion indifférent, qui n'intervient pas sur le pH.

La concentration de $C_6H_5NH_3^+$ au point d'équivalence :

$$c' = \frac{50 \text{ x } 0{,}01}{52} = 9{,}62.10^{-3} \text{ mol.L}^{-1}$$

Le $pH = \frac{1}{2}\ pK_a - \frac{1}{2}\ \log c$ soit $pH = \frac{1}{2}\ 4{,}6 - \frac{1}{2}\log 9{,}62.10^{-3} = 3{,}31$

C/ Pour un pH égal à 7 : (neutralité) donc $[OH^-] = [H^+] = 10^{-7}$ mol.L^{-1}.

Le pH est supérieur à $pK_a + 2$, donc on peut écrire :

$$[C_6H_5NH_2] >> [C_6H_5NH_3^+] \Rightarrow [C_6H_5NH_3^+] = \varepsilon \quad \text{et}$$

$$\boxed{[C_6H_5NH_2] = 9{,}62.10^{-3}\ mol.L^{-1} = [Cl^-]}$$

Pour un pH égal à 4,12 :

$$\boxed{[H^+] = 7{,}59.10^{-5}\ mol.L^{-1}. \quad [OH^-] = 1{,}32.10^{-10}\ mol.L^{-1}.}$$

$$\# \quad [C_6H_5NH_3^+] + [C_6H_5NH_2] \approx 10^{-2}\ mol.L^{-1}.$$

$$\# \quad pH = pK_a - \log \frac{[C_6H_5NH_2]}{[C_6H_5NH_3^+]} \quad \Rightarrow \quad \frac{[C_6H_5NH_2]}{[C_6H_5NH_3^+]} = 10^{(4,12 + 4,6)} = 3$$

Nous avons deux équations à deux inconnues et la résolution de ce système donne :

$$\boxed{[C_6H_5NH_3^+] = 7{,}5.10^{-3}\ mol.L^{-1}.} \quad \text{et} \quad \boxed{[C_6H_5NH_2] = 2{,}5.10^{-3}\ mol.L^{-1}.}$$

En rapportant au volume de 50 mL, il y aura :

$$\boxed{[C_6H_5NH_3^+] = 7{,}5.10^{-3} \times 50.10^{-3} = 3{,}75.10^{-4}\ \text{moles}}$$

$$\boxed{[C_6H_5NH_2] = 2{,}5.10^{-3} \times 50.10^{-3} = 1{,}25.10^{-4}\ \text{moles}}$$

Pour la réaction dans laquelle on introduit de l'acide chlorhydrique :

	$C_6H_5NH_2$	+	HCl	$\longrightarrow$	$C_6H_5NH_3^+,Cl$
t = 0	5.10^{-4}		$V.0{,}25.10^{-3}$		0
t = t	$1{,}25.10^{-4}$		ε		$3{,}75.10^{-4}$

Il résulte que le volume d'acide chlorhydrique $\boxed{V = \dfrac{3{,}75.10^{-4}}{0{,}25.10^{-3}} = 1{,}5\ mL.}$

Pour la réaction dans laquelle on introduit de la soude :

	$C_6H_5NH_3^+$	+	OH^-	$\longrightarrow$	$C_6H_5NH_2$	+	H_2O
t = 0	$3{,}75.10^{-4}$		10.10^{-4}		$1{,}25.10^{-4}$		
t = t	ε		$6{,}25.10^{-4}$		5.10^{-4}		

Dans ce cas il y a donc une solution qui contient une base faible (l'aniline) et une base forte (la soude). Il est évident que la base forte sera celle qui impose le pH du milieu.

$$\boxed{pH = 14 + \log [OH^-] = 14 + \log \frac{[6{,}25.10^{-4}]}{[50.10^{-3}]} = 12{,}1}$$

25

A/ La molécule HClO est un acide caractérisé par $pK_a = 7{,}5$. Quel est le pH d'une solution aqueuse de cet acide de concentration 10^{-3} mol.L^{-1} ? Pour cette question et dans la suite, on pourra utiliser les formules approchées.
Lorsqu'on dissout du chlore dans une solution aqueuse de soude, on observe la réaction (1) considérée comme **totale** ($K_1 = 6.10^{16}$).

$$Cl_2 + 2\,OH^- \rightleftarrows ClO^- + Cl^- + H_2O \qquad \text{réaction (1)}$$

Donner le nom de cette réaction de transformation du chlore. Justifier votre réponse.
On dissout 10^{-3} mole de chlore dans un litre de solution aqueuse de soude de pH = 11,3. Calculer le pH de la solution obtenue.
Que devient ce pH si l'on ajoute 20 mL d'une solution aqueuse d'acide chlorhydrique de concentration 0,1 mol.L^{-1} ?
B/ Si maintenant on fait barboter du chlore dans 1 litre d'eau pure à température ambiante, la quantité totale dissoute est égale à 14,2 g et le pH mesuré est égal à 1,5. En déduire la constante K_2 de l'**équilibre** (2) :

$$Cl_2 + H_2O \rightleftarrows HClO + H^+ + Cl^- \qquad \text{réaction (2)}$$

En comparant les conditions des réactions (1) et (2), expliquer qualitativement la différence entre les valeurs de K_1 et K_2.
On donne la masse atomique du chlore : 35,5 g.mol^{-1}.

Extrait Concours Pitié 1992.

A/ La molécule HClO, avec un pH = 7,5 est un acide faible.

$$HClO + H_2O \rightleftarrows ClO^- + H_3O^+$$

La formule approchée pour un acide faible est $\boxed{pH = \frac{1}{2}pK_a - \frac{1}{2}\log C}$

Son application est valable si $[H_3O^+] >> [OH^-]$ et si $[H_3O^+] << C$.
Or, ici $pK_a = 7{,}5$ et $C = 10^{-3}$ mol.L^{-1}

$$\boxed{pH = \frac{1}{2}7{,}5 - \frac{1}{2}\log 10^{-3} = 3{,}75 + 1{,}5 = 5{,}25}$$

N.B. $[H_3O^+] = 10^{-5,25} >> \dfrac{10^{-14}}{10^{-5,25}} = 10^{-8,75}$

$[H_3O^+] = 10^{-5,25} << 10^{-3}$

$$Cl_2 + 2\,OH^- \rightleftarrows ClO^- + Cl^- + H_2O \qquad \text{réaction (1)}$$

Cette réaction est une DISMUTATION (réaction d'oxydo-réduction) soit :

$$*\frac{1}{2}Cl_2 + e^- \rightleftarrows Cl^-$$

$$*\frac{1}{2}Cl_2 + 2\,OH^- \rightleftarrows ClO^- + H_2O + e^-$$

$$Cl_2 + 2\,OH^- \rightleftarrows ClO^- + Cl^- + H_2O$$

Dans la première demi-réaction, le chlore est réduit, tandis que dans la seconde, il s'oxyde. La solution basique de pH = 11,3 contient des ions OH^- à la concentration telle que :

$$[OH^-] = \frac{10^{-14}}{[H_3O^+]} = \frac{10^{-14}}{10^{-11,3}} = 10^{-2,7} = 2.10^{-3}\ mol.L^{-1}$$

Dans la réaction :

$$Cl_2 + 2\,OH^- \rightleftarrows ClO^- + Cl^- + H_2O$$

	Cl_2	$2\,OH^-$	ClO^-	Cl^-	H_2O
C.in.	10^{-3}	2.10^{-3}	-	-	-
C.éq.	-	-	10^{-3}	10^{-3}	-

La solution obtenue contient l'ion ClO^-, à la concentration 10^{-3} $mol.L^{-1}$, ion qui est la base conjuguée de l'acide HClO. Le pH de la solution peut être calculé par la formule approchée des bases faibles :

$$pH = 7 + \frac{1}{2}\ pK_a - \frac{1}{2}\ \log C$$

$$pH = 7 + \frac{1}{2}.7,5 - \frac{1}{2}(3) = 9,25$$

Si on ajoute de l'acide chlorhydrique à la solution précédente, on favorise la réaction :

$$ClO^- + H_3O^+ \rightleftarrows HClO + H_2O$$

	ClO^-	H_3O^+	HClO	H_2O
C.in.	10^{-3}	$20.10^{-3} x\ 0,1$	-	-
C.éq.	-	10^{-3}	10^{-3}	-

La totalité de l'ion ClO^- est transformé en HClO. La solution contient un mélange d'acide faible HClO (10^{-3} mole) et d'acide fort H_3O^+(10^{-3} mole). Le pH de la solution est imposé par l'acide fort. L'équilibre ci-dessus est fortement déplacé vers la droite et la contribution de HClO au pH est négligeable devant la concentration en H_3O^+ apportée par HCl.

La concentration en H_3O^+ est d'environ 10^{-3} mol.L^{-1} (en toute rigueur :

$$[H_3O^+] = \frac{10^{-3}}{1,02} = 9,804.10^{-4} \text{ mol.L}^{-1})$$

$$pH = -\log 9,804.10^{-4} = 3,0086 \approx 3$$

B/ $Cl_2 + H_2O \rightleftarrows HClO + H^+ + Cl^-$ réaction (2)

$$pH = -\log [H^+] = 1,5 \quad \text{soit} \quad [H^+] = 10^{-1,5} = 0,0316 \text{ mol.L}^{-1}$$

On en déduit que $[HClO] = [Cl^-] = [H^+] = 0,0316$ mol.L^{-1}

$$[Cl_2] - C_o - [HClO]$$

$$C_o = \frac{14,2}{71} = 0,2 \qquad [Cl_2] = 0,2 - 0,0316 = 0,1684 \text{ mol.L}^{-1}$$

$$K_2 = \frac{[HClO]\,[Cl^-]\,[H^+]}{[Cl_2]} = \frac{3,155.10^{-5}}{0,1684} = 1,87.10^{-4}$$

L'équilibre (2) est faiblement déplacé vers la droite lorsqu'il se réalise dans l'eau pure ce qui s'explique par la faible valeur de K_2 .

Lorsqu'on réalise cette réaction en milieu basique, on obtient la réaction (1). Les ions OH^- réagissent avec les ions H^+ de la réaction (2), ce qui détermine un déplacement très fort vers la droite (dans le texte on indique même réaction totale). Les constantes d'équilibre le confirment car $K_1 >>> K_2$.

26

A/ Soit l'acide glutamique de formule :

$$HOOC - CH_2 - CH_2 - \underset{\underset{NH_2}{|}}{CH} - COOH$$

1. Attribuer les pK_a (2,20/4,24/9,70).
2. Indiquer l'espèce prédominante lorsque l'acide glutamique est introduit :

a) Dans l'eau pure. Préciser le pH de la solution.

b) Dans une solution aqueuse tamponnée à pH 10. Préciser le pourcentage de l'espèce prédominante. On donne log 2 = 0,3.

3. On dissout 0,015 mole de glutamate de sodium :

$$Na^+, {}^-OOC - CH_2 - CH_2 - \underset{\displaystyle NH_3^+}{\underset{|}{CH}} - COO^-$$

dans 50 ml d'eau et on ajoute 50 mL de soude NaOH de concentration x de façon à obtenir une solution dont le pH est égal à 10. Calculer la concentration x de la soude.

B/ 50 mL d'un acide fort A_1H 0,2 mol.L^{-1} sont ajoutés à 50 mL d'un acide faible A_2H de même concentration (0,2 mol.L^{-1}) (pK_a de A_2H = 6,5).

Quel est le pH de la solution ? Quel est le rapport des concentrations d'acide et de base conjuguée pour A_2H ? Commentaires sur la dissociation de A_2H .

Extrait Concours Bichat 1996.

A/ L'acide glutamique $HOOC - CH_2 - CH_2 - \underset{\displaystyle NH_2}{\underset{|}{CH}} - COOH$ a trois fonctions acido-basiques : les deux fonctions acide carboxylique - COOH et la fonction amine - NH_2.

1. Attribution des pK_a :

$$pK_{a_2} = 4,24 \rightarrow HOOC - CH_2 - CH_2 - \underset{\displaystyle NH_2 \leftarrow pK_{a_3} = 9,70}{\underset{|}{CH}} - COOH \leftarrow pK_{a_1} = 2,20$$

2. a) L'acide glutamique (AH_3^+) se dissocie selon les trois équilibres ci-dessous :

$$(1)\quad AH_3^+ + H_2O \rightleftarrows AH_2^\pm + H_3O^+ \quad pK_{a_1} = 2,20$$

$$(2)\quad AH_2^\pm + H_2O \rightleftarrows AH^{2-}_{+} + H_3O^+ \quad pK_{a_2} = 4,24$$

$$(3)\quad AH^{2-}_{+} + H_2O \rightleftarrows A^{2-} + H_3O^+ \quad pK_{a_3} = 9,70$$

Ses différentes formes se répartissent , selon la valeur du pH , suivant le schéma ci-dessous :

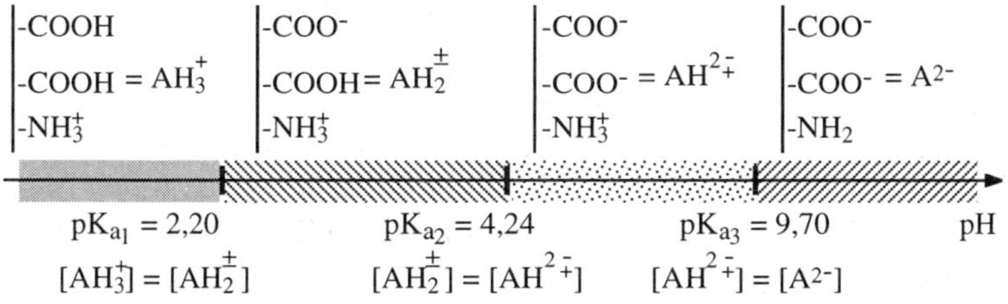

Introduit dans l'eau pure, il se présente sous forme de zwitterion (ion bipolaire $AH_2^{\pm}$ ou $HOOC - (CH_2)_2 - \underset{NH_3^+}{\underset{|}{CH}} - COO^-$) amphotère, base du couple de pK_{a_1} et acide du couple de pK_{a_2}. Le pH de la solution correspond au point isoélectrique :

$$pH = \frac{pK_{a_1} + pK_{a_2}}{2} = \frac{2,20 + 4,24}{2}$$

$$\boxed{pH = 3,22}$$

b) Dans la solution tamponnée à pH = 10, la forme prédominante de l'acide glutamique est A^{2-} ($^-OOC - (CH_2)_2 - \underset{NH_2}{\underset{|}{CH}} - COO^-$), base du couple de $pK_{a_3} = 9,70$.
Comme le pH est proche de pK_{a_3}, à cette forme est associée la forme acide $^-OOC - (CH_2)_2 - \underset{NH_3^+}{\underset{|}{CH}} - COO^-$ du même couple (AH_{+}^{2-}). Ces deux formes sont en concentrations reliées par la formule d'Henderson des solutions tampons :

$$pH = 10 = pK_{a_3} + \log\frac{[A^{2-}]}{[AH_{+}^{2-}]} = 9,7 + \log\frac{[A^{2-}]}{[AH_{+}^{2-}]}$$

$$\log\frac{[A^{2-}]}{[AH_{+}^{2-}]} = 10 - 9,7 = 0,3 \quad \text{et} \quad \frac{[A^{2-}]}{[AH_{+}^{2-}]} = 2$$

Il résulte que :

$$\boxed{\frac{[A^{2-}]}{[A^{2-}]+[AH_{+}^{2-}]} = 67\ \% \quad \text{et} \quad \frac{[AH_{+}^{2-}]}{[A^{2-}]+[AH_{+}^{2-}]} = 23\ \%}$$

3. Le glutamate de sodium $Na^+, ^-OOC-CH_2-CH_2-\underset{NH_3^+}{\underset{|}{CH}}-COO^-$ correspond à l'espèce AH_{+}^{2-}.
dans 50 mL, il y en a 0,015 mole. L'action de la soude transforme cette espèce en A^{2-}.

	AH_{+}^{2-}	$+ OH^-$	$\rightleftarrows$ A^{2-}	$+ H_2O$
nbre. mole init.	0,015	y	ε	-
nbre. mole équil.	0,015 - y	-	y	-

Lorsqu'on atteint le pH = 10, le rapport des concentrations (ou du nombre de moles) des deux espèces est $\frac{[A^{2-}]}{[AH_{+}^{2-}]} = \frac{n_{A^{2-}}}{n_{AH_{+}^{2-}}} = 2$

Comme $n_{A^{2-}} + n_{AH_{+}^{2-}} = 0,015$ mole, $n_{A^{2-}} = 0,010$ mole, $n_{AH_{+}^{2-}} = 0,005$ mole.

Le nombre de mole de soude ayant permis d'atteindre le pH de 10 est : y = 0,010 mole,cette quantité de soude est contenue dans un volume de 50 mL. Sa concentration x est telle que $0{,}010 = x.50.10^{-3}$, on en déduit que : $x = \frac{0{,}010}{50.10^{-3}}$

Concentration de soude : $x = 0{,}2$ mol.L^{-1}

B/ Le mélange de l'acide fort et de l'acide faible constitue une solution acide.

La présence de l'acide fort A_1H favorise le déplacement de l'équilibre de dissociation de l'acide faible A_2H (ci-dessous) dans le sens 2, en diminuant la présence de sa base conjuguée A_2^- dans la solution :

$$A_2H + H_2O \underset{2}{\overset{1}{\rightleftarrows}} A_2^- + H_3O^+ \qquad pK_a = 6{,}5$$

La contribution au pH des ions H_3O^+ provenant de l'acide faible A_2H, présente peu d'importance et le pH sera déterminé par l'acide fort A_1H .

Le mélange des deux acides de même concentration et de même volume a pour effet de diluer chacun d'eux d'un facteur 2 : $[A_1H]= [A_2H] = 0{,}1$ mol.L^{-1}.

$pH = - \log [A_1H] = - \log 0{,}1 = 1$

Dans cette solution , l'acide faible est présent sous ses deux formes A_2H et A_2^- dans un rapport qui vérifie la relation d'Henderson :

$$pH = 1 = pK_a + \log \frac{[A_2^-]}{[A_2H]} = 6{,}5 + \log \frac{[A_2^-]}{[A_2H]}$$

$$\log \frac{[A_2^-]}{[A_2H]} = 1 - 6{,}5 = - 5{,}5 \quad ; \qquad \boxed{\frac{[A_2^-]}{[A_2H]} = 10^{-5,5} = 3{,}16.10^{-6}}$$

On remarque que : $[A_2^-] << [A_2H]$, ce qui démontre la validité du raisonnement utilisé ci-dessus, sur la dissociation de l'acide faible.

27

A/ Une solution aqueuse 0,03 mol.L^{-1} d'acide sulfurique H_2SO_4 a un pH égal à 1,22. Qu'en concluez-vous ? Justifier votre réponse.

B/ Soit une solution de Na_2SO_3 à la concentration 0,01 mol.L^{-1}. Dans 100 mL de cette solution, on verse de l'acide chlorhydrique à la concentration 0,2 mol.L^{-1}. Le pH varie en fonction de la quantité d'acide versé, comme indiqué dans le tableau suivant :

pH	9,6	7,8	7,36	7,04	6,60	4,05
Vol. mL	0	1,0	2,0	3,0	4,0	5,0

Quelle est la réaction acido-basique qui s'établit au point 0 mL ? Quelle est alors l'espèce prédominante en ce point. Montrez que le pK_a peut être obtenu de deux manières différentes à partir de ces données. Donner sa valeur.
Quel est l'équilibre acido-basique qui s'établit au point 5 mL ? Quelle est l'espèce prédominante en ce point ?

Extrait Concours Pitié1990.

A/ L'acide sulfurique est un acide fort, donc $pH = -\log [H_3O^+] = 1{,}22$
donc $[H_3O^+] = 10^{-1,22} = 0{,}06$ mol.L^{-1}.Or la concentration de l'acide est 0,03 mol.L^{-1}.
On peut déduire que ce **diacide fort** est totalement dissocié :

$$H_2SO_4 + 2\,H_2O \longrightarrow 2\,H_3O^+ + SO_4^{2-}$$

B/ En solution Na_2SO_3 est un sel qui se dissocie :

$$Na_2SO_3 \longrightarrow 2\,Na^+ + SO_3^{2-}$$

Avant d'addition d'acide chlorhydrique, l'ion SO_3^{2-} réagit avec les ions de l'eau :

$$SO_3^{2-} + H_3O^+ \rightleftarrows HSO_3^- + H_2O$$

Cet équilibre est prépondérant sur le suivant :

$$HSO_3^- + H_3O^+ \rightleftarrows H_2SO_3 + H_2O$$

qui se produirait en milieu plus acide.

Au point V = 0 mL, l'espèce majoritaire est SO_3^{2-}. En ce point, le pH est déterminé par la présence de cet ion (base faible) : $\boxed{pH = 7 + \frac{1}{2}pK_a + \frac{1}{2}\log C}$

On trouve : $\boxed{9{,}6 = 7 + \frac{1}{2}pK_a + \frac{1}{2}\log 10^{-2}}$ donc $pK_a = 7{,}2$

Après avoir versé un volume de 3 mL d'acide chlorhydrique, l'équilibre suivant intervient :

	$2\,Na^+,\ SO_3^{2-}$	$+\ H_3O^+,\ Cl^-$	$\rightleftarrows\ Na^+,\ HSO_3^-$	$+\ Na^+, Cl^-$	$+\ H_2O$
n.i	0,001	$0{,}6.10^{-3}$	-	-	-
n.f.	$0{,}4.10^{-3}$	-	$0{,}6.10^{-3}$	$0{,}6.10^{-3}$	-

Le mélange final contient un acide faible et sa base conjuguée, donc on peut calculer le pH, avec la formule d'Henderson pour les solutions tampon :

$$pH = pK_a + \log \frac{[SO_3^{2-}]}{[HSO_3^-]}$$

$$7{,}04 = pK_a + \log \frac{0{,}4.10^{-3}}{0{,}6.10^{-3}} = pK_a - 0{,}18$$

$$pK_a = 7{,}22$$

Des valeurs semblables peuvent être obtenues avec les pH correspondant à 1,2, 4 mL puiqu'aucun des points ne dépasse la neutralisation.

$$V_E \times 0{,}2 = 0{,}01 \times 100.10^{-3} \qquad V_E = 5.10^{-3}\ L = 5\ mL$$

La valeur moyenne du pK_a est 7,20.

Au point V = 5 mL, on est à la neutralisation de SO_3^{2-} en HSO_3^- qui est l'espèce majoritaire, amphotère. Il se produit l'équilibre suivant :

$$HSO_3^- + H_3O^+ \rightleftharpoons H_2SO_3 + H_2O$$

28

L'hydroxyde de zinc se redissout lorsque l'on continue d'ajouter de la base forte, car il se comporte comme un acide.

A/ Ecrire la réaction :

$$\text{acide} + OH^- \rightleftharpoons \text{base} + H_2O$$

en remplaçant acide et base par les formules des espèces correspondantes.

B/ Ecrire dans ce cas particulier la relation classique $pH = pK_a + \ .....$

C/ Si la solution de départ contient 10^{-2} mol.L^{-1} d'ions Zn^{2+}, on peut observer que le dernier grain de précipité disparait lorsque le pH est égal à 13. En déduire le pK_a de l'hydroxyde de zinc.

Extrait Concours Pitié 1997.

A/ L'hydroxyde de zinc se redissout lorsque l'on continue d'ajouter de la base forte, selon :

$$Zn(OH)_2 + OH^- \rightleftharpoons ZnO_2H^- + H_2O$$

B/ Pour la solution où se produit l'équilibre ci-dessus : $pH = pK_a + \log \frac{[ZnO_2H^-]}{[Zn(OH)_2]}$, l'hydroxyde étant sous forme solide, l'activité du solide est égale à 1; cette relation se met sous la forme $pH = pK_a + \log [ZnO_2H^-]$.

C/ Si la solution de départ contient 10^{-2} mol.L^{-1} d'ions Zn^{2+}, on peut observer que le dernier grain de précipité disparait lorsque le pH est égal à 13 . En déduire le pK_a de l'hydroxyde de zinc.

	$Zn(OH)_2$	+	OH^-	$\rightleftarrows$	ZnO_2H^-	+	H_2O
C.init.	10^{-2}				0		
C.equil.	ε		10^{-13}		10^{-2}		

$$10^{-2} = [Zn^{2+}] + [Zn(OH)_2] + [ZnO_2H^-]$$

Lorsque le dernier cristal d'hydroxyde se redissout , la concentration de sa base est $[ZnO_2H^-] \approx 10^{-2}$

$$pH = 7 + \frac{1}{2}pK_a + \frac{1}{2}\log [ZnO_2H^-], \qquad 13 = 7 + \frac{1}{2}pK_a + \frac{1}{2}\log 10^{-2}$$

$$\Rightarrow pK_a = 26 - 14 + 2 = 14$$

pK_a de certains couples acido-basiques

Nom (forme acide)	Acide	Base	pK_a
Ac. iodhydrique	HI	I^-	– 11
Ac. perchlorique	$HClO_4$	ClO_4^-	– 8
Ac. chlorhydrique	HCl	Cl^-	– 7
Ac. sulfurique	H_2SO_4	HSO_4^-	–3
Ac. chlorique	$HClO_3$	ClO_3^-	–1
Ac. nitrique	HNO_3	NO_3^-	– 1
Hydronium (ion)	H_3O^+	H_2O	0
Ac. picrique	$C_6H_2(NO_2)_3OH$	$C_6H_2(NO_2)_3O^-$	0,4
Ac. trichloroacétique	$Cl_3C–COOH$	$Cl_3C–COO^-$	0,6
Ac. iodique	HIO_3	IO_3^-	0,7
Ac. pyrophosphorique	$H_4P_2O_7$	$H_3P_2O_7^-$	0,8
Ac. oxalique	$HOCO–COOH$	$^-OCO–COOH$	1,25
Ac. dichloroacétique	$CHCl_2–COOH$	$CHCl_2–COO^-$	1,3
Hydrogénosulfate (ion)	HSO_4^-	SO_4^{2-}	1,9
Ac. sulfureux	H_2SO_3	HSO_3^-	1,9
Ac. chloreux	$HClO_2$	ClO_2^-	2
Trihydrogénopyrophosphate (ion)	$H_3P_2O_7^-$	$H_2P_2O_7^{2-}$	2,0
Ac. phosphorique	H_3PO_4	$H_2PO_4^-$	2,2
Ac. arsénique	H_3AsO_4	$H_2AsO_4^-$	2,3
Ac. pyruvique	$CH_3–CO–COOH$	$CH_3–CO–COO^-$	2,5
Ac. monochloroacétique	$CH_2Cl–COOH$	$CH_2Cl–COO^-$	2,8
Ac. malonique	$HOCO–CH_2–COOH$	$^-OCO–CH_2–COOH$	2,8
Ac. bromoacétique	$CH_2BrCOOH$	$CH_2Br-COO^-$	2,9
Ac. iodoacétique	$CH_2I–COOH$	$CH_2I–COO^-$	3,1
Ac. fluorhydrique	HF	F^-	3,2
Ac. nitreux	HNO_2	HNO_2^-	3,4
Ac. formique	$H–COOH$	$H–COO^-$	3,8
Ac. lactique	$CH_3–CHOH–COOH$	$CH_3–CHOH–COO^-$	3,8
Adénine	AH_2^+	AH	4
Acide ascorbique	AH_2	AH^-	4,2
Ac. benzoïque	$C_6H_5–COOH$	$C_6H_5–COO^-$	4,2

Hydrogénooxalate (ion)	$^-OCO{-}COOH$	$^-OCO{-}COO^-$	4,21
Anilinium (ion)	$C_6H_5{-}NH_3^+$	$C_6H_5{-}NH_2$	4,6
Ac. acétique	CH_3COOH	CH_3COO^-	4,7
Hydrogénomalonate (ion)	$^-OCO{-}CH_2{-}COOH$	$^-OCO{-}CH_2{-}COO^-$	5,7
Dihydroarséniate (ion)	$H_2AsO_4^-$	$HAsO_4^{2-}$	6
Ac. carbonique	$CO_{2(aq)}$	HCO_3^-	6,4
Dihydropyrophosphate (ion)	$H_2P_2O_7^{2-}$	$HP_2O_7^{3-}$	6,7
Hydrogénosulfite (ion)	HSO_3^-	SO_3^{2-}	7
Ac. sulfhydrique	H_2S	HS^-	7,0
Dihydrogénophosphate (ion)	$H_2PO_4^-$	HPO_4^{2-}	7,2
Ac. hypochloreux	$HClO$	ClO^-	7,3
Hydrogénopyrophosphate (ion)	$HP_2O_7^{3-}$	$P_2O_7^{4-}$	8,5
Phénol	$C_6H_5{-}OH$	$C_6H_5{-}O^-$	8,9
Ac. hypobromeux	$HBrO$	BrO^-	9
Ammonium (ion)	NH_4^+	NH_3	9,2
Ac. bromique	HBO_2	BO_2^-	9,2
Ac. arsénieux	$HAsO_2$	AsO_4^-	9,2
Ac. cyanhydrique	HCN	CN^-	9,4
Adénine	AH	A^-	10
Hydrogénoarséniate (ion)	$HAsO_4^{2-}$	AsO_4^{3-}	10
Hydrogénocarbonate	HCO_3^-	CO_3^{2-}	10,3
Méthylammonium (ion)	$CH_3NH_3^+$	CH_3NH_2	10,6
Acide ascorbique	AH^-	A^{2-}	11,6
Ac. hypoiodeux	HIO	IO^-	13
Hydrogénophosphate (ion)	HPO_4^{2-}	PO_4^{3-}	12,3
Hydrogénosulfure (ion)	HS^-	S^{2-}	13
Eau	H_2O	OH^-	14
Méthanol	CH_3OH	CH_3O^-	15,5
Ammoniac	NH_3	NH_2^-	23
Hydrogène	H_2	H^-	25
Éthanol	$CH_3{-}CH_2OH$	$CH_3{-}CH_2O^-$	19

ACIDES α–AMINES $R-\underset{NH_2}{\underset{|}{C}}H-COOH$

Glycine $R = H-$	AH_2^+ $AH^{\pm}$	$AH^{\pm}$ A^-	$pK_{a_1} = 2,34$ $pK_{a_2} = 9,60$
Alanine $R = CH_3-$	AH_2^+ $AH^{\pm}$	$AH^{\pm}$ A^-	$pK_{a_1} = 2,34$ $pK_{a_2} = 9,68$
Valine $R = (CH_3)_2CH-$	AH_2^+ $AH^{\pm}$	$AH^{\pm}$ A^-	$pK_{a_1} = 2,32$ $pK_{a_2} = 9,62$
Leucine $R = (CH_3)_2CH-CH_2-$	AH_2^+ $AH^{\pm}$	$AH^{\pm}$ A^-	$pK_{a_1} = 2,36$ $pK_{a_2} = 9,60$
Isoleucine $R = CH_3-CH_2-\overset{*}{C}H(CH_3)-$	AH_2^+ $AH^{\pm}$	$AH^{\pm}$ A^-	$pK_{a_1} = 2,36$ $pK_{a_2} = 9,68$
Sérine $R = HO-CH_2-$	AH_2^+ $AH^{\pm}$	$AH^{\pm}$ A^-	$pK_{a_1} = 2,21$ $pK_{a_2} = 9,15$
Thréonine $R = CH_3-CHOH-$	AH_2^+ $AH^{\pm}$	$AH^{\pm}$ A^-	$pK_{a_1} = 2,63$ $pK_{a_2} = 10,43$
Cystéïne $R = HS-CH_2-$	AH_3^+ $AH_2^{\pm}$ AH^-	$AH_2^{\pm}$ AH^- A^{2-}	$pK_{a_1} = 1,71$ $pK_{a_2} = 8,33$ $pK_{a_3} = 10,78$
Méthionine $R = CH_3-S-CH_2-CH_2-$	AH_2^+ $AH^{\pm}$	$AH^{\pm}$ A^-	$pK_{a_1} = 2,38$ $pK_{a_2} = 9,21$
Acide aspartique $R = HOCO-CH_2-$	AH_3^+ $AH_2^{\pm}$ AH^{+}_{2-}	$AH_2^{\pm}$ AH^{+}_{2-} AH^{2-}	$pK_{a_1} = 2,09$ $pK_{a_2} = 3,86$ $pK_{a_3} = 9,82$
Acide glutamique $R = HOCO-CH_2-CH_2-$	AH_3^+ $AH_2^{\pm}$ AH^{+}_{2-}	$AH_2^{\pm}$ AH^{+}_{2-} AH^{2-}	$pK_{a_1} = 2,19$ $pK_{a_2} = 4,25$ $pK_{a_3} = 9,67$
Lysine $R = H_2N-(CH_2)_4-$	AH_3^{2+} AH_2^{2+} $AH^{\pm}$	AH_2^{2+} $AH^{\pm}$ A^-	$pK_{a_1} = 2,18$ $pK_{a_2} = 8,95$ $pK_{a_3} = 10,53$

Argininine R = $H_2N^+=\underset{\mid}{C}$ - NH-$(CH_2)_3$- NH_2	AH_3^{2+} AH_2^{2+} $AH^{\pm}$	AH_2^{2+} $AH^{\pm}$ A^-	pK_{a_1} = 2,17 pK_{a_2} = 9,04 pK_{a_3} = 12,48
Histidine R = 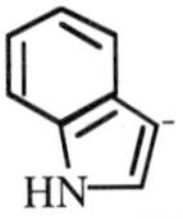 - CH_2-	AH_3^{2+} AH_2^{2+} $AH^{\pm}$	AH_2^{2+} $AH^{\pm}$ A^-	pK_{a_1} = 1,82 pK_{a_2} = 6,00 pK_{a_3} = 9,17
Phénylalanine R = 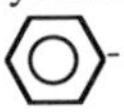- CH_2-	AH_2^+ $AH^{\pm}$	$AH^{\pm}$ A^-	pK_{a_1} = 1,83 pK_{a_2} = 9,13
Tyrosine R = HO-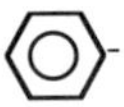- CH_2-	AH_3^+ $AH_2^{\pm}$ AH^-	$AH_2^{\pm}$ AH^- A^{2-}	pK_{a_1} = 2,20 pK_{a_2} = 9,11 pK_{a_3} = 10,07
Tryptophane R = 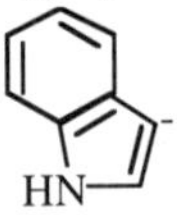 - CH_2-	AH_2^+ $AH^{\pm}$	$AH^{\pm}$ A^-	pK_{a_1} = 2,38 pK_{a_2} = 9,39

Bibliographie

S. ALBEROLA, A. TEROL, *Chimie Générale, Notions et applications*, Sup Exam Éditions (1979).

P. ARNAUD, *Cours de Chimie Physique*, Éd. Dunod/Bordas (1990).

G.M. BARROW, M.E. KENNEY, J.D. LASSILA, R.L. LITTLE, W.E. THOMPSON, *Chimie Raisonnée*, Tomes I, II et III, Édiscience (1968).

CH. BELLEC, J.P. CELLERIER, G. LHOMMET, *La Chimie au PCEM et premier cycle universitaire, 1. Chimie Générale*, Éd. Vuibert (1980).

J.L. BONARDET, J. FRAISSARD, J.P. NOGIER, *Exercices corrigés,* Équilibres chimiques, Solutions acido-basiques, P.U.F. (1982).

P. CHAQUIN, *Cours de Chimie Générale*, Éd. Ellipses (1997).

J.C. CHOTTARD, J.C. DEPEZAY, J.P. LEROUX, *Chimie Fondamentale*, vol. I, Collection Méthodes, Éd. Hermann (1998).

G.M.L. DUMAS, M. GROS, L. SCHRIVER, *Travaux dirigés de Chimie Générale,* Thermodynamique et équilibres, Collection Méthodes, Éd. Hermann (1986).

CH. FERRADINI, M. GARDES-ALBERT *et al.*, *Chimie PCEM,* Collection SYNTHÈSE, (4 volumes), Éd. A. Colin (1977).

R. GABORIAUD, J. LELIEVRE, D. LEMORDANT, P. MILLOT, *Thermodynamique Appliquée aux Solutions,* Éd. Ellipses (1998).

G. GERMAIN, R. MARI, D. BURNEL, *Abrégé de Chimie PCEM, 1. Chimie Générale*, Éd. Masson (1974).

PH. GUERIN, J.P. GIRAULT, Y. LE MERRER, L. BOULARES, E. BRETEY, P. HEMERY, F. SUBIRA, *Enseignements Dirigés Chimie*, Éd. Eyrolles, 2e édition 1986.

M. GRUIA, M. POLISSET, *Annales PCEM corrigées,* Éd. Hautefeuille (1988).

M. GRUIA, M. POLISSET, *Annales PCEM corrigées,* Éd. Hautefeuille (1989).

M. GRUIA, M. POLISSET, *Annales PCEM corrigées,* Éd. Hautefeuille (1990).

M. GRUIA, M. POLISSET, *Épreuves corrigées de Chimie posées aux CHU de la région parisienne*, tome 1, Éd. Ellipses (1995).

M. GRUIA, M. POLISSET, *Épreuves corrigées de Chimie posées aux CHU de la région parisienne*, tome 2, Éd. Ellipses (1996).

N. LUMBROSO-BADER, J. FICINI, J.C. DEPEZAY, *Éléments de Chimie Physique, Collection Méthodes*, Éd. Hermann (1977).

R. MAHÉ, J. FRAISSARD, *Équilibres Chimiques en Solutions Aqueuses*, Éd. Masson (1989).

J. MESPLEDE, J.L. QUEYREL, *Précis de Chimie, cours et exercices résolus*, Éd. Bréal (1986).

R. MONTGOMERY, C.A. SWENSON, *Quantitative Problems in the Biochemical Sciences*, W.H. Freeman & Co. Ed New-York (1976).

L. PAULING, *Chimie Générale – Introduction à la Chimie descriptive et à la Chimie Théorique Moderne*, Éd. Dunod (1958).

G. WATELLE, J.C. NIEPCE, *Exercices et Problèmes de Chimie Générale*, (La réaction chimique), Collection U, Éd. A. Colin (1986).

Index

A

acide 8, 9, 12
- acétique 15, 21, 45, 48
- aspartique 19
- carbonique 56, 59
- chlorhydrique 20, 27, 33, 39, 53, 57, 73, 78, 80, 85
- faible 13, 75, 77, 81, 85
- fluorhydrique 63
- fort 12, 76, 77, 81, 83, 85
- glutamique 82
- L-ascorbique (vitamine C) 40, 64
- lactique 33
- oxalique 30
- phosphorique 37, 72
- pyruvique 34
- sulfureux 74
- sulfurique 85

acide aminé 18, 44, 47, 53, 69, 83, **93 (tableau)**
acidification 62
acidité 57, 65, 75
activités 57, 61, 88
adénine 25
alanine 19, 44
ammoniaque 24
ampholyte ou amphotère 18, 25, 42, 55, 59, 67, 70, 75, 84, 87
aniline 78
anion 19, 72
anode 71
arginine 53
Arrhénius 8

B

base
- faible 78
- forte 13, 76, 77, 79, 87

bleu de bromothymol 76
Brönsted 8

C

cathode 71
cation 19
chlorure
- d'ammonium 21, 24, 51

coefficient
- d'activité 61
- de dissociation 14

coma acido-cétosique 73
concentration en molarité 7, 12, 14
constante d'acidité K_a 9, 10, 13, 22, 24, 30
constante d'équilibre 25, 57, 61, 75, 82
couples acido-basiques 8, 53, **91 (tableau)**
courbe de neutralisation 65

D

degré de dissociation 15
diacide 59, 86
diagramme
- des espèces prédominantes 48, 51, 52, 54

dilution 15, 40, 41, 42, 43, 68, 77, 85
dismutation (réaction d'oxydo-réduction) 81
dissociation 9, 12, 25, 32, 36, 59, 75, 85
dissolution 7
domaine de virage 16
dosage acide-base 16, 77
doublet électronique 8

E

échelle de pH 9
électrolyte 8, 11, 14, 59
électrophorèse 69
équilibre 14, 80, 86
- acido-basiques 24, 29, 34, 37, 44, 48, 65, 68, 86

F

Flood (diagramme de) 63
fonction
- acide carboxylique 18, 44, 48, 69, 83

- amine 18, 45, 48, 68, 83
- acido-basiques 56, 83
- énol 65

G

gaz parfait 57
glutamate de sodium 83
glycine 68
guanidyle 53

H

hélianthine 76, 77
Henderson (équation d') 15, 45, 46, 84, 86 / 38, 76,
hydrazine N_2H_4 27
hydroxyde de zinc 87

I

indicateurs colorés 16, 76, 77
ion
- anilinium 78
- dipolaire 18
- indifférent ou aprotique 8, 20, 21, 75, 78

ions 51
- à caractère acide 8
- à caractère amphotère 8
- à caractère basique 8

L

L-leucine 47
lactate de sodium 33
lacune électronique 8
Lewis 8
loi
- de déplacement des équilibres 37

lysine 19

M

mésomérie 54

N

nombre de moles 9, 14, 33, 78,

O

Ostwald (loi de dilution d') 14

P

peptides 69
pH-métrie 16
phosphoarginine 53, 55
phtaléine 76
pK_a des couples acide-base 9
pK_b 10
point
- d'équivalence (neutralisation) 31, 32, 67, 76, 78
- de demi-neutralisation (demi-équivalence) 16, 17, 31, 42, 67, 70
- isoélectrique 19, 49, 55, 68, 72, 84

pouvoir 15, 73, 74
- tampon maximal 15, 22, 59

précipité 87, 88
pression partielle 57
produit ionique de l'eau 9, 12, 13, 22, 56, 57, 66
protéines 69

R

réaction
- d'hydrolyse 54, 56
- enzymatique 28

S

sels 8
site de protonation 53, 54
solubilité 47
soluté 7
solution 7, 14, 41, 78, 83
- acide 85
- aqueuse 7, 9, 12, 33, 80, 85
- basique 81
- diluée 68
- tampon 15, 22, 34, 40, 49, 52, 56, 59, 67, 76
  . de pouvoir tampon maximal 17, 26, 40, 42, 70, 77
- électrolytiques 7

solvants 7, 12

T

tris (hydroxyméthyl) aminométhane 28
tyrosine 51

V

valine 34
Van't Hoff (loi de) 46

Z

zwitterion (ion dipolaire) 18, 19, 36, 46, 49, 55, 70, 72, 84

Achevé d'imprimer en février 2001 par Normandie Roto Impression s.a., 61250 Lonrai
N° d'impression : 010245 – Dépôt légal : février 2001